Patrik Svensson

Die Chronistin der Meere

Über die Tiefe und die Neugier

Aus dem Schwedischen von Thomas Altefrohne
und Hanna Granz

Hanser

Titel der Originalausgabe:
Den lodande människan. Havet, djupet och nyfikenheten.
Stockholm, Albert Bonniers Förlag 2022

1. Auflage 2023

ISBN 978-3-446-27783-0

Umschlag: Anzinger & Rasp, München
Motive: Adobe Stock / © EvgeniiasArt;
© Arina Trapeznikova; © Aleksandr Matveev;
© Kate K.; © Yunaco; © suns07butterfly; © undrey
Satz: Greiner & Reichel, Köln
Druck und Bindung: CPI books GmbH, Leck
Printed in Germany

FSC
www.fsc.org
MIX
Papier | Fördert
gute Waldnutzung
FSC® C083411

Inhalt

Der blaue Planet

Ich wurde am späten Nachmittag des 7. Dezember 1972 geboren, ungefähr zur Stunde, zu der die Sonne um diese Jahreszeit ihrem vorherbestimmten Rhythmus folgend hinter dem Horizont verschwindet und das Licht in Dunkelheit übergeht. Ein Kind der Dämmerung, wenn man so will.

Dieser 7. Dezember 1972 war zugleich der Tag, an dem sich die letzten Mondreisenden auf den Weg zu jenem Himmelskörper machten, der mehr als vier Milliarden Jahre zuvor durch einen gewaltigen Zusammenprall zwischen der Erde und einem unbekannten Planeten entstanden ist.

Apollo 17 war dreieinhalb Jahre nach Apollo 11 die sechste und letzte, oder zumindest vorläufig letzte, bemannte Mondlandung. Die Besatzung bestand aus Kommandant Eugene Cernan sowie zwei Piloten, Harrison Schmitt und Ronald Evans. Darüber hinaus waren fünf lebende Mäuse namens Fe, Fi, Fo, Fum und Phooey an Bord. Vier Tage nach dem Start sollten Cernan und Schmitt die Landefähre besteigen und auf die Mondoberfläche hinabsinken, während Evans und die Mäuse in der Umlaufbahn des Himmelskörpers blieben. Ganze fünfundsiebzig Mal würden sie innerhalb der hundertachtundvierzig Stunden, die Cernan und Schmitt auf dem Mond verbrachten, den Erdtrabanten umrunden. Eine gute Woche später würden alle, bis auf Phooey, die die Heimreise nicht überstand, wieder wohlbehalten auf der Erde landen.

Natürlich dienten sie als Repräsentanten einer amerikanischen Großmacht im Siegesrausch, die sich von der Eroberung des Mondes zugleich versprach, auch ihre Großartigkeit auf der Erde zu behaupten. Gleichzeitig repräsentierten sie, zumindest was die drei Astronauten anging, noch etwas anderes, etwas Ursprünglicheres und alle Grenzen Überschreitendes: Sie brachen auf, weil es zutiefst menschlich ist, das zu tun. Weil sie es nicht lassen konnten, weil es in der Natur des Menschen liegt, sich ins Unbekannte zu wagen und diesem uralten Trieb zu folgen, der sich am ehesten als Neugier beschreiben lässt.

Vielleicht trugen die Mondreisenden tief in ihrem Innern dieselbe unerklärliche Sehnsucht wie die Polynesier, als sie sich weit vor unserer Zeitrechnung auf dem Pazifik Richtung Horizont aufmachten. Oder wie Leif Eriksson, als er den Atlantik Richtung Amerika überquerte. Oder Ferdinand Magellan, als er nach Westen segelte, um die Erde zu umrunden und sie als Erster zu einem Ganzen zu verbinden. Es war wie so oft in der menschlichen Entdeckungsgeschichte: Ein paar wenige brachen auf, um die Welt gleichzeitig ein bisschen größer und ein bisschen kleiner zu machen, und auch, um uns anderen die Möglichkeit zu geben, etwas über uns selbst zu erfahren.

In jenem Moment allerdings, am 7. Dezember 1972, waren die drei Mondreisenden vor allem mit Fotografieren beschäftigt. Sie hatten die Abschussrampe in Florida und die Erde gegen Mitternacht verlassen und befanden sich nun vierzigtausend Kilometer von der Erde entfernt. Es war früher Morgen amerikanischer Zeit, also etwa Mittagszeit an dem Ort, an dem meine Mutter lag und mit den Wehen kämpfte, und das Raumschiff schwebte durchs All, und mit der Sonne im Rücken eröffnete sich den Astronauten mit einem Mal ein spektakulärer Blick auf ihren fast vollständig erleuchteten Heimatplaneten. »Ich weiß, dass wir nicht die Ersten sind, die das feststellen«, teilte Kommandant Eugene Cernan seiner Kommandozentrale zu Hause in Houston mit, »aber wir möchten gerne bestätigen, dass die Erde rund ist.«

Anschließend nahm er die Kamera, eine Hasselblad, und die drei Mondreisenden reichten sie herum und knipsten innerhalb kurzer Zeit eine Reihe von Bildern des weit entfernten Globus. Das verstieß eigentlich gegen das Protokoll. Bei Mondflügen waren die Abläufe bis ins kleinste Detail festgelegt, und keiner der Astronauten war beauftragt, zu diesem Zeitpunkt zu fotografieren, es war nicht einmal vorgesehen, dass sie aus dem Fenster schauten. Dennoch taten sie genau das. Und sie sahen etwas absolut Leuchtendes und Besonderes und konnten ihren Blick nicht davon abwenden. Wie so oft bei historischen Ereignissen waren es eher Instinkt und Zufall als Planung, die zu diesem einzigartigen Moment führten.

Wer von ihnen das Bild schoss, das kurz darauf legendär werden sollte, wissen wir nicht; den Richtlinien der NASA folgend, wurde es der gesamten Besatzung zugeschrieben. Einer von ihnen machte jedenfalls ein Foto, das die Erde – den Ort, den wir unsere Heimat nennen und von dem sie sich entfernten – auf eine Weise einfing, wie es weder zuvor noch danach je wieder gelungen ist.

Ich behaupte immer, dies sei das erste Foto von mir gewesen, was natürlich nicht stimmt, weil ich erst einige Stunden später zur Welt kam, dennoch ist es ein Bild, über das ich immer wieder gestaunt habe. Im Zentrum liegt Afrika, wo die Menschheit ihren Ursprung nahm. Ringsherum erkennt man, vollkommen klar, die sphärische Kugel, man erkennt die Eisfelder um die Antarktis, man sieht den Atlantik und den Indischen Ozean, die den afrikanischen Kontinent wie eine schützende Membran umschließen, man sieht am nordöstlichen Horizont Asien, das sich bis zum Pazifik erstreckt. Alles leuchtet lebendig im Schein der Sonne, und gleichzeitig ist alles vollkommen von der dumpfen Finsternis des Alls umgeben, einer Dunkelheit so dicht und satt, dass sie undurchdringlich erscheint. Was man also sieht, ist ein kleiner abgeschlossener Bereich des Lebens, der von einer dünnen Atmosphäre geschützt wird und dabei durch ein scheinbar ewiges und lebloses Nichts fällt.

Der NASA zufolge war Apollo 17 die »produktivste und unproblematischste bemannte Mondfahrt der Geschichte«. Eugene Cernan und Harrison Schmitt blieben länger auf dem Trabanten als irgendjemand vor ihnen. Über fünfunddreißig Kilometer legten sie in dem kleinen Mondmobil auf der Oberfläche des Himmelskörpers zurück, und sie sammelten mehr Steine, Kies und Materie als jede frühere Expedition. Doch das Wichtigste, was sie mit nach Hause brachten, war dieses Foto. Seit es Heiligabend 1972 zum ersten Mal veröffentlicht wurde, ist es zum meistreproduzierten Foto der Welt geworden. Es ist ein Bild, das Gefühle auslöst, oft solche wie Zärtlichkeit oder Demut. Es ist ein Bild, das ein instinktives Verständnis nicht nur dafür gibt, wie klein wir im Ganzen des Weltraums sind, sondern auch, wie ausgeliefert. Dieser einsame, blau schimmernde Planet, umgeben von der alles verschlingenden Dunkelheit des Alls, wirkt, kurz gesagt, sehr verletzlich.

Was die Menschen in diesem Foto vor allem zu sehen scheinen, ist ebendiese Zerbrechlichkeit. Sie erkennen, dass die Erde verwundbar und endlich ist, und mit ihr auch das Leben. Aus diesem Grund wurde das Bild bald auch zu einem wichtigen Symbol für das ökophilosophische Denken, aus dem sich zur selben Zeit die moderne Umweltschutzbewegung zu entwickeln begann. Es war ein Bild, das sowohl den Blick des Menschen auf die Erde wie auch auf sich selbst veränderte.

Das Bild wird gemeinhin »Blue Marble« genannt, denn genau so sieht die Erde auf diesem Foto aus. Wie eine glänzende tiefblaue Murmel. Fast alles ist blau. Fast alles ist Meer. Und das ist eine weitere Einsicht, die einen trifft, wenn man das Foto zum ersten Mal betrachtet. Es ist das tiefblaue Meer, das der Erde ihre Farbe gibt, das ihr Eigenheit und Schönheit schenkt. Es ist das Meer, das überhaupt erst die Voraussetzung für die Entwicklung des Lebens schafft, von den ersten Einzellern bis in den Weltraum hinaus. Es ist das Meer, das unseren blauen Planeten zu dem gemacht hat, was er ist, und im Meer erkennen wir eine Verletzlichkeit, die auch unsere eigene Verletzlichkeit ist. Der Himmelskörper, den wir den unseren nennen, ist gleichzeitig ein Planet des Meers.

Hier wuchs ich in einem kleinen Ort im Nordwesten Schonens auf. Ein Dorf mit etwa tausend Einwohnern, in allen Richtungen von weiten Feldern umgeben. In der Ferne eine dunkle, bewaldete Hügelkette, die sich wie eine Welle über der Landschaft erhob. Bis zum Meer waren es etwa dreißig Kilometer.

Im Dorf gab es nicht viel, es gab eine Schule und eine kleine Fabrik, einen Fußballverein und eine Kirche, ein Lebensmittelgeschäft und ein Seniorenheim. Vor allem aber gab es eine Bibliothek, eine kleine Dorfbibliothek mit einer Bibliothekarin, die genau wusste, welches Buch in welches Regal gehörte, und die, mittels ordentlich sortierter, bleistiftbeschriebener Karteikarten in einer schwarzen Pappkartothek, die Übersicht über sie behielt.

Dort gingen wir oft hin, meine Mutter und ich. Sie hatte immer schon gerne gelesen, war immer in die Bibliothek gegangen. Sie war im Dorf aufgewachsen, hatte früh angefangen zu arbeiten und ihr erstes Kind, meine ältere Schwester, bereits im Alter von siebzehn bekommen. Lange hatte sie davon geträumt, Bibliothekarin zu werden, daraus wurde jedoch nichts. Sie arbeitete im Seniorenheim, an der Kasse des Lebensmittelgeschäfts, und irgendwann wurde sie Tagesmutter. Schon früh musste sie alles Mögliche lernen, um ihren Platz in der Welt zu finden, doch es waren vor allem praktische Fähigkeiten, die sie sich aneignete. Mit dem Lesen war es etwas anderes, das war für sie Vergnügen und Lust. Und das hat sie an mich weitergegeben: die Liebe zu den Büchern und zu den Wörtern.

Wir lasen Astrid Lindgren und Tove Jansson, Ulf Stark und Roald Dahl, darüber hinaus aber auch jede Menge Sachbücher. Über Tiere und Vögel, Geschichte und Naturwissenschaften, über die Antike sowie das alte Ägypten, die Wikinger und die indigenen Völker Amerikas sowie über das Zeitalter der europäischen Expansion.

Eines Tages brachte sie mir aus der Bibliothek ein Buch über die Fische des Meeres mit. Es war eine Art Lexikon mit Bildern und kurzen, kompakten Sachtexten. Da gab es Haie und Rochen, Muränen und Barrakudas. Ein erster kleiner Einblick in die Vielfalt des Lebens, das sich in den Tiefen verbarg.

Und ich wurde wie besessen von diesem Buch. Da ich noch nicht lesen konnte, las meine Mutter es mir vor. Mit geduldiger Stimme nannte sie mir die Fakten, Namen, Art, Größe, Gewicht und Verhaltensweisen der Tiere. Sie las über Thunfische und Makrelen, Kabeljaue und Seeteufel. Über riesige Haie, die, wie gespensterartige Schlafwandler vor sich hin starrend, durch das Blau schwammen, über Fische, die wie Vögel über die Wasseroberfläche flogen, über Arten, die noch nie das Tageslicht erblickt hatten und sich wie blinde Geister durch die kohlschwarze Tiefe bewegten.

Sie war eine gute Vorleserin, und ich sah mir die Bilder an und lauschte aufmerksam. Alles war so wunderbar fremd, die seltsamen Fische, aber auch das Meer an sich. Zum ersten Mal bekam ich eine Art Gefühl dafür; es ähnelte zumindest einem sinnlichen Erlebnis.

Jedes Mal, wenn wir auf der letzten Seite ankamen, überredete ich meine Mutter, noch einmal von vorne zu beginnen. Jedes Mal, wenn die Leihfrist verstrichen war, gingen wir zur Bibliothek, um es uns erneut auszuleihen. Sie musste mir das Buch über das Meer so oft vorlesen, dass sie es irgendwann – verständlicherweise – leid war. Sie saß auf dem Sofa im Wohnzimmer, ich kauerte ungeduldig neben ihr, und sie klappte mit einem Seufzer das Buch zu, schob sich die Brille hoch und sagte: »Jetzt müssen wir mal etwas anderes lesen. Lass uns beim nächsten Mal bitte etwas anderes aussuchen.«

Das war der Moment, in dem ich ein wenig beleidigt nach dem schweren Buch griff, es mir auf den Schoß legte und anfing zu blättern und plötzlich feststellte, dass sich die Bilder irgendwie mit den Schriftzeichen darunter verbinden ließen. Plötzlich erkannte ich ein Muster, als käme die Sprache durch etwas zu mir, das mir am allerfernsten und fremdesten war, durch seltsame Wesen aus den Tiefen des Meers. Plötzlich konnte ich lesen.

Vielleicht war es Zufall, aber auch Zufälle können einen prägen. Jedenfalls war es am Ende meine Mutter, die mir nicht nur die Bücher und das Lesen schenkte, sondern auch mein Staunen über das Meer, die Faszination für die Wesen, die darin leben, und für die Menschen, die versuchten, es zu erforschen, zu kartografieren, zu verstehen und es sich zu unterwerfen. Es war meine Mutter, die die Neugier in mir weckte. Dieses Buch ist ihr gewidmet.

Der allumfassende Rhythmus

Man stelle sich eine Pflanze vor, die der Sonne folgt. Es gibt viele solcher Gewächse. Man denke zum Beispiel an eine Mimose, die sich in der Morgendämmerung ausstreckt, ihre Blätter öffnet, ihre Blüten zum Licht hebt und sich dann während des Tages dreht und wendet, um dem Lauf der Sonne über den Himmel zu folgen.

Warum tut sie das?

Man vermutet, dass sie tatsächlich die Sonnenstrahlen verfolgt und es eine Art mechanische Reaktion auf äußere Reize ist. Das ist zumindest dem Anschein nach das, was passiert. Einer Pflanze mangelt es nicht nur an einem Kalender oder einer Uhr, sondern auch an einem Bewusstsein. Ihre Bewegungen können nicht als Handlungen beschrieben werden, sondern ausschließlich als Reaktionen. Sie braucht Sonnenlicht zum Überleben und hat daher eine Methode entwickelt, um sich so viel von diesem Licht wie möglich zu holen. Irgendwie bemerkt sie, wenn Sonnenstrahlen die Blattoberfläche erreichen, und reagiert mit einer Bewegung darauf. Sie wacht auf.

Wenn ich schreibe, dass die Pflanze »aufwacht«, dann ist das eine Vermenschlichung dessen, was geschieht. Schlaf ist per definitionem ein Bewusstseinszustand und setzt zumindest irgendeine Form von Bewusstsein voraus. Wer »aufwacht«, begibt sich von einem Bewusstseinszustand in einen anderen, und das ist bei einer Pflanze vielleicht nicht wirklich der Fall. Wenn wir uns aber entscheiden, diesen Ausdruck zu verwenden, dann sagt uns der gesunde Menschenverstand, dass eine Pflanze auf jeden Fall jemanden oder etwas braucht, der oder das sie »weckt«. Es muss das Sonnenlicht an sich oder irgendein anderer äußerer Reiz sein, der ihr Bescheid gibt, wenn es Zeit zum Aufwachen ist. Die Pflanze muss geweckt werden.

Das Phänomen der Pflanzenbewegung fasziniert den Menschen seit Jahrtausenden. Indem man beobachtete, wie Pflanzen auf ihre Umgebung und auf Reize reagieren – wie sie sich *verhalten*, wenn man so will –, sah man sich nämlich auch mit der Frage konfrontiert, was Pflanzen eigentlich *sind*. In der Mitte des vierten Jahrhunderts vor unserer Zeitrechnung kategorisierte Aristoteles alles Leben ausgehend davon, welche Art Seele es besitzt. Alles Lebendige habe eine Seele, meinte er, diese sei aber an verschiedene Fähigkeiten gekoppelt, die sich sehr stark unterscheiden würden. Der Mensch etwa sei das einzige Wesen, das neben anderen Fähigkeiten auch ein Denkvermögen habe, eine Vernunft. Alle anderen Tiere hätten lediglich die Fähigkeit, zu empfinden, die Möglichkeit, die Welt durch ihre Sinne wahrzunehmen. Und Pflanzen hätten sogar nur die allergrundlegendsten Seelenfähigkeiten, und zwar Nährstoffaufnahme, Verstoffwechselung und Fortpflanzung.

Wenige Jahre nachdem Aristoteles seine Systematik formuliert hatte, hielt der mazedonische Wissenschaftler Androsthenes als Erster schriftlich fest, dass manche Pflanzen sich anscheinend bewegten und der Sonne folgten. Im Auftrag von Alexander dem Großen war er gerade damit beschäftigt, die Arabische Halbinsel zu kartografieren, als er sich auf einer Insel im Persischen Golf, die heute Bahrain heißt, über einen Tamarindenbaum wunderte, dessen Blätter ihre Position während des Tages änderten. Wenn die Sonne tagsüber am Himmel stand, streckten sich die Blätter horizontal zum Licht, um sich bei Nacht wie zum Schlafen zusammenzufalten und zu Boden zu senken.

Dieses Verhalten stellte diejenigen, die an Aristoteles' Systematik festhielten, vor ein Problem. Die scheinbar aktive Bewegung des Baums setzte schließlich eine Fähigkeit voraus, über die Pflanzen eigentlich nicht verfügen sollten: die Fähigkeit, mittels einer Art Sinn physische Veränderungen in ihrer Umgebung wahrzunehmen.

Es war ein Problem, das die Naturwissenschaft bis weit ins Zeitalter der Aufklärung beschäftigen sollte. Carl von Linné war von Pflanzenbewegungen so fasziniert, dass er eine Zeichnung für eine Art Blumenuhr anfertigte, ein Arrangement von Pflanzen, das ausgehend von den Bewegungen der verschiedenen Blüten und Blätter die Tageszeit anzeigen konnte. Charles Darwin schrieb zu seiner Zeit sogar ein ganzes Buch über das Thema, *Das Bewegungsvermögen der Pflanzen* von 1880, in dem er Pflanzenbewegungen mit der Evolutionstheorie sowie der natürlichen Selektion erklärte.

Man kann diese Faszination leicht nachvollziehen. Die Bewegungen von Pflanzen führen schließlich zu Fragen, die in vielerlei Hinsicht den Kern der Existenz berühren. Wie erleben andere Lebensformen die Welt um sich herum? Was ist eigentlich ein Bewusstsein? Haben auch Pflanzen ein Innenleben?

Viele gingen allerdings lange weiter davon aus, dass Pflanzenbewegungen doch einfach nur eine mechanische Reaktion auf äußere Reize wären. Ein Großteil der Biologen und Botaniker erklärte das Phänomen damit, dass die Wärme des Sonnenlichts das Blatt austrocknen würde, wodurch es sich zusammenziehe und seine Form und Position verändere. Am Ende war es dann weder ein Biologe noch ein Botaniker, der das Experiment durchführte, das alles auf den Kopf stellte.

Der Franzose Jean-Jacques d'Ortous de Mairan war in erster Linie Geophysiker und Astronom, ein in seiner Zeit sehr geschätzter und erfolgreicher Wissenschaftler. 1678 in Béziers in Südostfrankreich geboren, verlor er seinen Vater bereits mit vier Jahren und seine Mutter mit sechzehn. Einige Jahre später verschlug es ihn nach Paris, wo er ganz auf sich allein gestellt eine Karriere in der Wissenschaft begann, die ihn bis in die französische Akademie der Wissenschaften brachte. 1729 führte er das sehr einfache Experiment durch, aufgrund dessen man sich vorrangig an ihn erinnern und das im Laufe der Zeit nicht nur die Sicht auf die Pflanzen, sondern auf das gesamte Leben verändern sollte.

Wie so viele andere interessierte de Mairan, wie es sein konnte, dass bestimmte Pflanzen sich zu bewegen schienen, um dem Lauf der Sonne zu folgen. Um dem auf den Grund zu gehen, stellte er eine der fraglichen Pflanzen, eine *Mimosa pudica*, in eine verschlossene Kiste in ein abgedunkeltes Zimmer. Und tatsächlich: Weit von jeglicher Sonneneinstrahlung entfernt konnte ein erstaunter de Mairan beobachten, wie die Pflanze trotz dieser Maßnahmen ihre Blätter öffnete und wieder schloss, wie sie trotzdem aufwachte und einschlief. Ungefähr zum Zeitpunkt des Sonnenaufgangs streckte sie sich jeden Tag zum vermeintlichen Himmel, als wäre das Sonnenlicht eigentlich gar nicht notwendig, um ihre abwechselnden Aktivitäts- und Ruhephasen zu steuern. Als würde ihr vielmehr etwas in ihrem Inneren mitteilen, wann es Zeit war, aufzuwachen oder einzuschlafen.

De Mairan konnte zeigen, dass Pflanzen eine Art innere Uhr haben, einen sogenannten endogenen Tagesrhythmus. Sie besitzen die Fähigkeit, sich gegenüber der Welt und ihren regelmäßigen Veränderungen, die von der eigentlichen Wahrnehmung der Welt losgelöst sind, zu verhalten. Die Pflanze »weiß«, wann die Sonne auf- oder untergeht, wann es Zeit zum Aufwachen oder zum Einschlafen ist, ganz egal, ob sie Kontakt zum Sonnenlicht hat oder nicht. Sie folgt einem Rhythmus, den sie in sich hat und der außerdem wie durch ein ausgeklügeltes Arrangement zufällig mit dem Zeitraum zusammenfällt, den die Erde braucht, um sich einmal um die eigene Achse zu drehen.

Es gehört zu den verblüffendsten Erkenntnissen der Biologie, und vielleicht dauerte es deswegen so lange, bis die Naturwissenschaft die offensichtlichen Schlussfolgerungen aus de Mairans Experiment zog. Erst 1938, über zweihundert Jahre später, führten die amerikanischen Forscher Nathaniel Kleitman und Bruce Richardson ein Experiment durch, das die gleiche innere Uhr auch bei Menschen nachwies. Zweiunddreißig Tage lang isolierten sich die beiden in einer tiefen Höhle in Kentucky. Fern des natürlichen Lichts maßen sie ihre Körpertemperatur und die verschiedenen Schlaf- und Wachphasen. Nach über einem Monat stolperten sie anschließend wieder ans Licht, mit der Erkenntnis, dass der Mensch von der gleichen endogenen Zeitrechnung gesteuert wird wie de Mairans Pflanze. Auch in der Höhle folgte ihr Tagesrhythmus, ohne jeglichen Einfluss von außen, ungefähr dem gleichen Muster wie sonst. Fünfzehn Stunden Wachen und neun Stunden Schlaf, immer zu einer ähnlichen Zeit und anscheinend nach demselben vorherbestimmten Rhythmus.

Dieser innere Tagesrhythmus wurde der zirkadiane Rhythmus genannt, und es hat sich gezeigt, dass er nicht nur Einfluss auf den Menschen und ein paar Pflanzenarten hat. Alles Leben, alle Pflanzen, Tiere und Einzeller verfügen über eine innere Uhr, die Wach- und Ruhephasen sowie eine Reihe anderer biologischer

Prozesse steuert. Wir alle sind an diese durch die Rotation der Erde festgesetzte Zeitspanne gebunden. Irgendetwas sagt einer Blume, einem Tier oder einem Mikroorganismus, wann es Zeit ist, aktiv oder passiv zu sein, aufzuwachen oder einzuschlafen. Irgendetwas, das nicht Bewusstsein genannt werden kann, das aber nicht einfach nur eine mechanische Reaktion ist.

Denn jedes Lebewesen schläft. Alle lebenden Organismen haben Aktivitäts- und Ruhephasen, die immerhin mit Wachheit oder Schlaf vergleichbar sind. Sogar Insekten, Weichtiere, Würmer und Amöben. Lange glaubte man, dass Haie nicht schlafen, weil sie sich ununterbrochen bewegen, aber auch sie haben Zustände höherer oder geringerer Aktivität. Sie schwimmen einfach nur die ganze Zeit, weil sie keine Schwimmblase haben und zu Boden sinken würden, wenn sie damit aufhörten. Sie schwimmen und schlafen gleichzeitig, eine Art gespenstisch starrende Schlafwandler.

Auch Wale schlafen, obwohl ihre körperlichen Voraussetzungen es eigentlich nicht erlauben. Für einen Pottwal oder Delfin ist Luftholen nämlich eine aktive und bewusste Handlung. Im Unterschied zu ihrer Herztätigkeit, die durch Muskelkontraktion erfolgt, ganz gleich, ob sie wollen oder nicht. Ungeachtet der Tatsache, ob es ihnen bewusst ist oder nicht, ist jeder Atemzug für Wale das Resultat eines konkreten Befehls durch das Gehirn. Wenn sie das Bewusstsein verlieren, beispielsweise durch eine Narkose, hören sie auf zu atmen.

Und dennoch schlafen Wale, denn die Evolution hat sie mit einer besonderen Fähigkeit ausgestattet, die sie jeweils mit nur einer Gehirnhälfte ruhen lässt. Während die eine Seite schläft, ist die andere aktiv und überwacht mögliche Gefahren sowie die Atmung. Nach gut einer Stunde ist Wachablösung, und der Wal wechselt die Gehirnhälften, lässt sie sich Guten Morgen und Gute

Nacht sagen und bewegt sich in diesem doppelten Bewusstseinszustand weiter durchs offene Meer.

Jedes Lebewesen hat ein eigenes Bedürfnis nach Licht oder Dunkelheit. Es gibt tagaktive und nachtaktive Organismen. Wie viel man im Einzelnen schläft, unterscheidet sich ebenfalls. Teilweise scheint es mit dem Verhältnis zwischen Körpergröße und Komplexität des Gehirns zusammenzuhängen, aber die Variationen und Ausnahmen sind da anscheinend häufiger als die Regel. Elefanten schlafen nur rund vier Stunden am Tag, während Tiger fast fünfzehn Stunden herumliegen und schnarchen können. Manche Fledermäuse können bis zu neunzehn Stunden schlafen, während der Degu sich mit sieben Stunden zufriedengibt. Die Beutelratte wiederum gönnt sich achtzehn Stunden Schlaf, wohingegen die ungefähr gleich große Wanderratte mit der Hälfte zurechtkommt. Unterschiedliche Lebensformen können das eine dem anderen vorziehen, Nacht oder Tag, Aktivität oder Ruhe, aber sie folgen dennoch derselben Zeitrechnung. Und die Rotation der Erde bestimmt dabei den Rhythmus.

Für denjenigen, der von einem komplexen Universum ausgeht und eine gewisse Individualität zulässt, kann die Erkenntnis, dass dieser allumfassende Rhythmus nur *fast* genau ist, übrigens befreiend sein. Die Fehlermarge liegt im Wort selbst, zirkadian bedeutet wörtlich »ungefähr einen Tag«. Er lässt also trotz allem eine gewisse Variation zu. Die Drehung der Erde um ihre eigene Achse markiert den Grundschlag, daneben wird jedem Solisten jedoch auch ein gewisser Raum für Improvisation gegeben.

Kleine Tiere haben zum Beispiel oft eine etwas andere Zeitrechnung als große. Für eine Maus oder ein Kaninchen ist der erlebte Tag etwas kürzer als vierundzwanzig Stunden. Der Tag eines Menschen wiederum ist häufig etwas länger und für einen jungen Menschen normalerweise etwas länger als für einen älteren. So fügen unterschiedliche Organismen ihre eigenen Synkopen zum gemeinsamen Rhythmus hinzu, genau wie alle kollektiven Bemühungen immer dann erfolgreich waren, wenn es gelang, die individuellen Variationen und die Homogenität der Masse auszubalancieren.

Ausgehend von ein und demselben Grundschlag schlafen also alle Organismen auf der Erde ein und wachen wieder auf. Ein Rhythmus, der mehr oder weniger genau mit der Rotation der Erde um ihre eigene Achse übereinstimmt. Alles Lebendige ist mit diesem Rhythmus synchronisiert, mit der Wanderung der Sonne über den Himmel, in einem Tempo, das scheinbar bereits im Augenblick der Schöpfung festgelegt worden ist. Und es liegt eine Harmonie, ein Einklang darin, wie wir alle biologisch mit dem verbunden sind, was wir unweigerlich teilen: unseren Platz, unser Zuhause. Als wäre die Zeit selbst in langsame, synchrone Pulsschläge unterteilt, die als Echo durch jede Lebensform widerhallen. Als hätten wir trotz all unserer Unterschiede eines gemeinsam: einen Rhythmus, der uns alle im selben Takt wiegt.

~~~

Kann man sich diesen Rhythmus wie Musik vorstellen? Ist der Takt, in dem wir alle schwingen, ein musikalischer?

Um dies zu beantworten, sollte man sich vielleicht nicht an die Naturwissenschaft wenden, sondern an Menschen, die Rhythmus spüren und etwas davon verstehen.

Im Frühling 2017 besuchte ich den Blues- und Reggaemusiker Peps Persson auf seinem Hof im nördlichen Schonen, mitten im Wald. Er hatte einen Preis gewonnen, und ich sollte ihn interviewen. Siebzig war er damals, ein halbes Jahr vor meinem Vater geboren, und hatte sich zu dem Zeitpunkt seit Langem von der
~~~

Öffentlichkeit ferngehalten. Ich war aus verschiedenen Gründen nervös.

Meine Eltern liebten Peps Persson. Wir hatten nicht viele Schallplatten zu Hause, höchstens zehn, aber wir hatten Peps. Ich erinnere mich besonders an *Fyra tunnlann bedor om dan*, eine Sammlung alter, schonischer Volkslieder, die in jamaikanische, afrikanische und amerikanische Arrangements gegossen waren. Auf dem Cover stand ein Bauer auf der Ladefläche eines Anhängers knietief in Zuckerrüben. Man sah ihn durch die Zinken einer Forke, wie durch ein Gitter. Er trug einen blauen Overall, eine Mütze und sah aus wie mein Großvater. Ich erkannte jedes noch so kleine Detail.

Und dann die Lieder, die in einem so breiten Dialekt gesungen wurden, dass sie sich wie ein gemeinsames Geheimnis anfühlten. Ich erkannte jedes Wort, selbst die Sprache klang wie zu Hause.

Ich glaube, meine Eltern sahen Peps Persson als eine Identifikationsfigur. Als jemanden, der so war wie sie. Nicht nur, weil er ihre Sprache benutzte, sondern auch wegen seiner Art zu denken, wie er in seinen Liedern an seinen Platz in dieser Welt anknüpfte: an die schonische Landschaft, die alte Bauerngesellschaft, die Arbeiteridentität und das Klassenbewusstsein, so selbstverständlich, dass es nicht explizit thematisiert werden musste. Peps war einer von uns, und jeder braucht so einen Menschen, jemanden, der einem bei der Deutung und Definition des Ortes hilft, den man sein Zuhause nennt.

Die Musik dazu kam jedoch von ganz woanders. Jamaikanische Rhythmen, afrikanische Schlaginstrumente, Töne, die von der anderen Seite der Welt hierhergekommen waren, um mit dem südschwedischen Zäpfchen-R und warmen, schonischen Diphthongen vereint zu werden.

Wie hat er das gemacht? Wie konnte er gleichzeitig so verwurzelt und so reisefreudig sein? Wie fand er das Element, das diese scheinbar grundverschiedenen und unvereinbaren Welten vereinte?

Ich hatte ihn noch nie zuvor getroffen und nur eine vage Vorstellung davon gehabt, wie er als Mensch war, aber nun stand ich auf Perssons Hof. Auf dem Rasen lag eine große Birke, die vor einigen Jahren von einem Sturm gefällt worden war und deren Wurzelballen mannshoch in den Himmel ragte. Direkt daneben stand eine alte Scheune, die vor langer Zeit aus mittlerweile gesprungenen und ausgeblichenen roten Brettern errichtet worden war. Drinnen gab es ein Musikstudio, einen Raum mit einem ramponierten Klavier und einem Schlagzeug, ein paar Verstärkern und mehreren Stativen. Mitten im Raum stand ein Katzenklo, die Streu auf dem Boden knirschte unter den Füßen.

Wir saßen in der Werkstatt – ich auf einem Sofa, er auf einem alten braunen Sessel. Auf einem Regal stand eine Dose mit Kandis. Kleine, ausgeschnittene Bilder amerikanischer Blueskünstler und jamaikanischer Reggaekünstler hingen an den Wänden. Auf dem Tisch zwischen uns lag ein Stapel CDs, darauf eine vergessene Scheibe Knäckebrot und daneben ein viereckiger Aschenbecher, eine rußige Pfeife sowie ein Beutel Tabak. Peps nahm die Pfeife, stocherte einige schwarze Flocken heraus und stopfte dann den Tabak hinein. Er paffte, einmal, zweimal. Er trug eine graue Strickjacke, das lange Haar in der Mitte gescheitelt und eine Strähne des struppigen Bartes zu einem Zopf gebunden. Die Augenbrauen hingen ihm wie verwilderte Gebüsche über die Brille.

Und ich dachte, dass dieser Mensch ein Geheimnis in sich tragen musste. Ich dachte, dass er etwas wissen müsste, was sonst kaum jemand weiß. Wie die Dinge zusammenhängen. Was allem trotz allem überall gemeinsam ist.

Aufgewachsen in einem kleinen schonischen Dorf hatte Peps bereits als Kind Reiseberichte gelesen und davon geträumt, wegzugehen, hatte sich anhand von Abenteuerbüchern, in denen Menschen das Unbekannte suchten, fortgesehnt. Er war mit schwedischen Schlagern, Volksliedern und Tanzmusik aufgewachsen. Sein Vater baute ihm aus einer alten Zigarrenkiste eine Geige. Er lernte an der örtlichen Musikschule Trommel und Gitarre spielen, und abends hörte er im Radio amerikanischen Blues, dessen dunkle, heisere Stimmen vom Leben und den Erfahrungen auf der anderen Seite des Atlantiks erzählten. Als junger Mann reiste er nach Chicago und nahm eine Platte mit lokalen Bluesmusikern auf. Er probierte sich durch diese ursprünglichen amerikanischen Lieder und entdeckte, dass hinter ihnen echte Erfahrungen steckten. Der Blues existierte wirklich, als physische Verkörperung, er war echt und er war wahr. Aber der Blues, den er imitierte und zu seinem machen wollte, repräsentierte seine eigene Wirklichkeit oder Wahrheit nicht richtig. Als er nach Hause kam, gründete er deshalb eine neue Band, schrieb eigene Lieder und sang sie in seiner eigenen Sprache.

Und das Paradoxe war, dass er gerade in dem Moment in der Lage war, sich dem Rest der Welt vollends zu öffnen, als er seine eigene Stimme und Sprache entdeckte, als er zurück zu dem Ort fand, der trotz allem seine Heimat bleiben würde.

Er interessierte sich weiterhin für den amerikanischen Blues, erkundete aber auch die jamaikanische Musik. Er interessierte sich für karibische Rhythmen, für afrikanische und arabische Musik. Er wollte sogar die Musik, die von für ihn unbekannten Orten stammte und anderen, fremden Erfahrungen entsprungen war, wirklich *verstehen*.

Das tat er, indem er nach dem suchte, was er dennoch wiedererkannte. Gemeinsame Elemente, ungeachtet des zeitlichen oder räumlichen Abstands. Im jamaikanischen Mento, dem Vorläufer des Reggaes, fand er rhythmische Muster, die ihn an die schwedische Volksmusik, den Schottisch oder die Polka seiner Kindheit, erinnerten. In der arabischen Musik fand er einen Rhythmus und eine Tonsprache, die in die gesamte Musik Afrikas eingeflossen und dann mit den Sklavenschiffen über das Meer in den amerikanischen Süden und die Karibik gereist waren. Er hörte das Melisma und die Phrasierungen, die sowohl in den Gebetsrufen der arabischen Welt als auch bei amerikanischen Bluessängern auftauchten. Im Boogie-Woogie hörte er die Geräusche von Zügen – *tschucka, tschucka, tschucka* – auf dem Weg zur Freiheit im Norden oder einfach zu etwas anderem und Neuem. Derselbe Zug, hier wie dort.

Überall suchte Peps Persson nach gemeinsamen Elementen, die das scheinbar Unvereinbare vereinten. In dieser Hinsicht war er wie ein Entdeckungsreisender, der aufbricht, um die Welt mit seiner Neugier sowohl etwas größer als auch kleiner zu machen. Er hatte die Weltmusik ausgelotet und auf seinem Weg nicht nur den Boden in sich, sondern von allem und allen gefunden.

Und wie er so in dem braunen Sessel in der Werkstatt und mit der Pfeife im Mund über all dies redete, kam er immer wieder auf eine Sache zurück: den Rhythmus. Dieser hatte ihn auf seiner Suche angetrieben, seit er als Fünfjähriger eine Spielzeugtrommel aus Blech bekommen und auf ihr herumgeschlagen hatte, bis er alle um sich herum zur Verzweiflung gebracht hatte. Seinetwegen hatte er sich über das Meer begeben, um neue fremde Orte und musikalische Erfahrungen zu finden, und immer wieder war er zum Rhythmus wie nach Hause zurückgekehrt.

Rhythmus sei alles, sagte er. Es liege in der menschlichen Natur, die Dinge zum Schwingen zu bringen. Das Leben müsse in Bewegung sein. Rhythmus sei Evolution, er habe eine Funktion, vertreibe Einsamkeit und Isolation, er verbinde uns.

Peps meinte, das gesamte Universum sei Rhythmus. Die Quantenphysik, der Aufbau der Atome, Schwingungen in der Materie, die Beziehung von Zeit und Raum sowie die Spannungen im Gewebe. Alles baue auf Rhythmus auf. Anders lasse es sich nicht erklären. Und er sagte, der Rhythmus sei auch Leben und Biologie, etwas Körperliches, etwas, das wir nicht immer bewusst wahrnehmen könnten, aber dennoch erleben würden und zu dem wir immer einen Standpunkt einnähmen.

Es wurde viel darüber gesagt und geschrieben, wie Rhythmen zu unterschiedlichen Zeiten und in unterschiedlichen Zusammenhängen für die Kommunikation zwischen Menschen benutzt wurden, aber eigentlich redete Peps Persson über etwas anderes. Er schien der Meinung, dass Rhythmus mehr als nur das sei, dass er auch an sich existiere, ohne aktives Handeln des Menschen, und dass es ihn zwischen uns gebe und er alles Leben in einem gemeinsamen Muster vereinige. Als wären die konstruierten, künstlerischen Rhythmen des Menschen, sein Spielen und Tanzen, nur zufällig Teil des großen und allumfassenden Rhythmus. Der Musiker eine Pflanze, die jeden Morgen ihre Blätter öffnet und zur Sonne streckt.

Peps Persson paffte seine Pfeife, einmal, zweimal, und sagte: Ich würde sogar behaupten, dass der Mensch keine Seele hat. *Menschen* haben eine Seele, aber die ist nicht in uns, sie ist zwischen uns.

Viele Menschen haben bereits versucht, die Seele zu erklären, aber für mich war dies eine der allerschönsten Definitionen. Die Seele als der Rhythmus, der die Leere zwischen allem Lebenden ausfüllt und uns alle in einem ewig wiederkehrenden Muster aus Licht und Dunkelheit im selben Takt wiegt.

~~~

Und vom Licht hinab in die Tiefe. Von der lärmenden Oberfläche, wo die Sonne auf- und untergeht und das Leben und die Bewegung den Rhythmus mit taktfesten Pulsschlägen markiert, hinab ins Meer, durch Planktonschwärme und Algenwälder, und weiter durch die immer dunkler werdende blaue Dämmerung zum Abgrund, bis wohin irgendwann überhaupt kein Licht mehr vordringt. Wo vollständige Dunkelheit herrscht, die Temperatur das ganze Jahr über gleich ist und keine Tage oder Jahreszeiten existieren. Ein Ort, an dem nichts passiert.

Manchmal denke ich, der Reiz des Meeres liegt gerade darin, dass dort scheinbar nichts passiert. Nicht an der spiegelnden Oberfläche an einem windstillen Tag, an dem das Wasser sich in alle Richtungen bis zum Horizont erstreckt. Und noch weniger in den großen Tiefen, wo alles ruhig, kalt und dunkel ist. Man kann sich dorthin wünschen, wenn das Alter und der Tod nach einem greifen. Einen Ort, an dem die Zeit stillzustehen scheint, ein ewiges Nichts.

Hier oben an Land ist Licht nicht nur für unsere Zeitmessung elementar, sondern auch für unser Verständnis von ihr. Der sich ständig wiederholende Rhythmus von Auf- und Untergang der Sonne lässt einen das Voranschreiten der Zeit erleben. Tage kommen und gehen, und das Leben fängt jeden Morgen von vorn an, ein Gefühl von Beständigkeit und Erneuerung.

Aber an einem Ort, an dem es überhaupt kein Licht gibt? In den größten Meerestiefen, wo das Jahr scheinbar bedeutungslos verstreicht und die Dunkelheit weder Anfang noch Ende hat?
~~~

Dort markieren nur vereinzelte Herzschläge das Verstreichen der Zeit. Deshalb kann man von einer eigenen Zeitrechnung des Meeres sprechen. An einem Ort, an dem sich allem Anschein nach nie etwas verändert, an dem die Erdumdrehung und die Bewegungen des Lichts weder sichtbar noch wahrnehmbar sind, scheint die Zeit in gewisser Hinsicht relativ zu sein. Als würde das Leben an einem solchen Ort einfach nur abwarten.

Man denke an den Grönlandhai, der einsam durch die vollkommene Dunkelheit in den Tiefen des Eismeeres schwebt. Ein langsamer und gutmütiger Riese, der über vierhundert Jahre alt werden kann und erst nach ungefähr hundert Jahren geschlechtsreif wird. Man denke an die Muschel, die fünfhundertsieben Jahre lang völlig reglos in der mehr als achtzig Meter tiefen Kälte vor Island lag. Bis sie 2006 plötzlich von einigen Forschern aus Wales herausgefischt wurde, die dann bemerkten, dass sie das älteste bekannte Tier aller Zeiten gefunden hatten. Sie schafften es noch, die Muschel Ming zu nennen – nach der chinesischen Dynastie, während der sie geboren wurde; nur ein paar Jahrzehnte bevor Ferdinand Magellan sich auf seine Weltumseglung begab –, bevor sie sie bei der genaueren Bestimmung ihres Alters versehentlich töteten. Man denke an den Schwamm, der im Südchinesischen Meer lebt und der – wie sich herausstellte – über zehntausend Jahre alt werden kann. Oder man denke an die kleine Qualle *Turritopsis nutricula*, die bei Gefahr oder Stress in ein früheres, fortpflanzungsunfähiges Stadium ihres Lebenszyklus zurückkehren kann, die als jüngere Kopie ihrer selbst wiedergeboren wird und damit potenziell unsterblich ist. Wenn es etwas gibt, das ewig ist, muss man offensichtlich im Meer danach suchen.

Natürlich ist kein Leben wirklich ewig, und die Zeit ist in der Tiefe des Meeres nicht relativ, es scheint manchmal nur so. Selbst der Rhythmus des Meeres ist zirkadian. Selbst das Meer ist mit dem allumfassenden Rhythmus verbunden, der alles Lebendige in ein und demselben regelmäßigen Muster zusammenführt. Selbst die Lebensformen in der Tiefe des Meeres, die nie das Sonnenlicht erblickt haben, verfügen über diese innere Uhr. Selbst sie haben Aktivitäts- und Ruhephasen, die mit jedem anderen Leben auf dem Planeten übereinstimmen.

Und auch das Meer selbst ist immer in Bewegung. Es schläft oder erwacht vielleicht nicht, aber es bewegt sich, ist aktiv und so etwas wie ruhend, mit den kraftvollsten und majestätischsten Bewegungen, die die Erde überhaupt vorweisen kann. Es bewegt sich durch die großen Meeresströmungen, die sowohl an der Oberfläche als auch in der Tiefe über den Planeten zirkulieren, wie ein riesiger, rhythmischer Blutkreislauf, im Takt mit der Erdumdrehung. Genau so, wie es sich durch Ebbe und Flut bewegt, die regelmäßigen und taktfesten Hebungen und Senkungen der Meeresoberfläche, die von der Anziehungskraft des Mondes und der Sonne gesteuert werden. In demselben Zeitraum, den die Erde benötigt, um sich um ihre eigene Achse zu drehen, hebt und senkt sich das Meer zwei Mal, zwei Variationen des Rhythmus, der alles Leben im selben Takt erwachen und einschlafen lässt.

So ist der Rhythmus des Meeres mit dem Rhythmus des Planeten verbunden, ebenso wie mit dem der Sonne, des Mondes und allen Lebens. Und dass alles zusammenhängt, zeigt sich auf schöne Weise in einem unansehnlichen Plattwurm, der auf den Sandstränden der Nordbretagne und den Inseln im Ärmelkanal lebt. Der Wurm, der den Namen *Symsagittifera roscoffensis* trägt, hat eine besonders ausgeklügelte Zusammenarbeit mit einer bestimmten Grünalgenart entwickelt. Diese Alge lebt auf dem Wurm selbst und verleiht ihm seine grüne Farbe. Der

Wurm wiederum lebt von der Stärke, die die Alge produziert. Ein sogenannter Mutualismus, ein gegenseitiger Nutzen, wie bei Blumen und Bienen.

Bei Flut gräbt sich der Wurm im Sand ein, um sich und die Alge vor dem fließenden Wasser zu schützen. Bei Ebbe jedoch streckt er seinen platten, kleinen Körper aus der feuchten Sandschicht, damit die Alge Kontakt zu den Sonnenstrahlen aufnehmen und durch Fotosynthese Stärke herstellen kann, die sie beide zum Leben brauchen. So lebt dieser Wurm sein Leben in einer sich ständig wiederholenden Bewegung, wie die Mimose, die jeden Morgen ihre Blätter zur Sonne öffnet.

Und was passiert, wenn man einen solchen Wurm in einem dunklen, fensterlosen Raum in ein Aquarium mit Sandboden setzt, in dem er sich eingraben kann, abgeschirmt vom Sonnenauf- und -untergang und fern der Bewegungen des Tidenhubs? Zwei Mal am Tag kommt er zu genau derselben Zeit aus seinem schützenden Sandloch heraus, wie ein verschlafenes Geburtstagskind, und sucht mit verwirrt sich windenden Bewegungen nach dem Sonnenlicht, das – wie er weiß – eigentlich da sein müsste.

Der navigierende Mensch

In der Bibliothek von San Marco in Venedig wird ein bemerkenswertes Kunstwerk aufbewahrt. Man bezeichnet es für gewöhnlich als *Il mappamondo di Fra Mauro*, nach dem venezianischen Mönch, der es Mitte des vierzehnten Jahrhunderts entwarf. Die Weltkarte des Fra Mauro.

Ich habe nur Fotos der Karte gesehen, im Augenblick wird sie nicht öffentlich ausgestellt, doch es ist offensichtlich ein in vielerlei Hinsicht bemerkenswertes Werk. Kreisförmig und mehr als zwei Meter im Durchmesser, auf Pergament gezeichnet und mit schönen Ornamenten aus Blattgold und Lapislazuli sowie Hunderten detaillierten Illustrationen ausgeschmückt – Bergen, Wäldern, Gebäuden, Schiffen – und mit mehr als dreitausend kurzen Texten versehen. Mehr als zehn Jahre arbeitete Fra Mauro an dem Werk, das bei Fertigstellung die umfangreichste und detaillierteste Weltkarte seiner Zeit war.

Aber wenn ich sie jetzt fast sechshundert Jahre später betrachte, wirkt sie zunächst befremdlich auf mich. Es dauert sozusagen, bis ich mich zurechtfinde. Die Welt sieht aus wie ein einziger großer, runder Kontinent, eine fremdartige Pangäa, die vom Meer wie von einer blau glitzernden Borte umgeben ist, und lässt sich kaum als die richtige Welt wiedererkennen.

Hat man die Welt im Europa jener Zeit wirklich so gesehen,

nur ein paar Jahrzehnte bevor Christoph Kolumbus nach Amerika reiste und Vasco da Gama den Seeweg nach Indien entdeckte? Wusste man so wenig über den Umriss der Welt?

Nein, die anfängliche Verwirrung beruht in erster Linie auf der Perspektive. Auf Fra Mauros Karte liegt der Süden nämlich, der arabischen Tradition folgend, oben, wenn man sie umdreht, sieht man die Welt plötzlich in einer Detailfülle, die für jene Zeit tatsächlich einzigartig war.

Da sind der Atlantik und der Indische Ozean, die gemeinsam die Landmasse umschließen, sowie das ganze, fast perfekt proportionierte Mittelmeergebiet. Da sind das Schwarze, das Kaspische und das Rote Meer sowie der Persische Golf. Die Britischen Inseln liegen genau dort, wo sie sein sollen. Jütland ist zu einer eigenen Insel geworden, man kann die Umrisse jedoch leicht wiedererkennen. Die Skandinavische Halbinsel und die Ostsee sind zu sehen, sowie der gesamte afrikanische Kontinent, auch wenn seine Form umso mehr von der Realität abweicht, je weiter man nach Süden kommt. Der asiatische Kontinent erstreckt sich nach Osten, seine Proportionen sind, vollkommen korrekt, sehr viel größer dargestellt als Europa. Sri Lanka ist zu sehen, auch wenn die Insel etwas zu groß geraten ist, größer sogar als ganz Indien. Die Hauptflüsse Chinas sind eingezeichnet. Sogar Japan ist abgebildet, auch wenn es südlich der Insel Java platziert wurde. Im Großen und Ganzen fehlen nur die amerikanische Landmasse und der Pazifik vollständig, ein Kontinent und ein Meer, die den südeuropäischen Seefahrern noch einige Jahrzehnte lang unbekannt bleiben sollten.

Wenn man Fra Mauros Weltkarte für sich betrachtet, kann man den Blick nur schwer davon losreißen. Denn sie ist ein Kunstwerk, die fantastische Darstellung des Wissens, der Kreativität und des Fleißes eines einzelnen Menschen. Doch als Artefakt ihrer Zeit ist die Karte noch viel mehr. Sie ist das Symbol einer kollektiven Leistung, sie zeigt, wie sich die Menschen in der Welt bewegt haben, wie sie gelernt haben, den Weg zu finden und zu navigieren, wie sie sich aus Not oder Neugier auf das offene Meer begeben haben, um zu erkunden, zu erforschen, zu kartografieren und zu erobern. Auf der Karte des Fra Mauro sieht man, kurz gesagt, das Resultat des menschlichen Versuchs, sich die Welt zu eigen zu machen.

~~~

Die Geschichte, wie der Mensch das Segeln und Navigieren lernte, um so nach und nach die Erde zu umrunden und zu den verstecktesten Orten der Welt zu gelangen, ist kurz. Zumindest im Verhältnis zur größeren Geschichte.

Vor ungefähr 13,8 Milliarden Jahren leitete das Ereignis, das wir den Urknall nennen, die Geburt des Universums ein. Aus einem einzigen, konzentrierten Punkt wurden auf einen Schlag nicht nur die gesamte Materie, sondern auch Zeit und Raum geschaffen. Vor ungefähr 4,6 Milliarden Jahren kollabierte eine gigantische Wolke aus Wasserstoff und Helium, zog sich zu einer glühenden Scheibe zusammen, und unser Sonnensystem entstand. Vor knapp 4,5 Milliarden Jahren sammelten sich Partikel zu kollabierenden Klumpen, die neu geformte Erde trat in ihre Umlaufbahn ein, und jener Rhythmus wurde geschaffen, der die Welt seither in einem wiederkehrenden Wechsel von Licht und Dunkelheit wiegt. Einige Hundert Millionen Jahre später war der Planet so weit abgekühlt, dass Dampf zu Wasser kondensierte und eine Welt aus Meer und Land entstand.

Und im Meer entstand vor ungefähr vier Milliarden Jahren durch einen Prozess, mit dessen Erklärung heute vor allem
~~~

Chemiker ringen, das, was wir Leben nennen. Aus Nichtleben wurde sein Gegensatz geboren. Einfache Einzeller ohne Zellkern schwammen im Wasser umher, vermutlich manchen Bakterien ähnlich. Organismen mit der Fähigkeit, auf irgendeine Art und Weise auf die Umwelt zu reagieren, ihrerseits Leben zu schaffen und mit der Zeit zu sterben.

Dieser Augenblick, in dem die ersten Einzeller lebendig wurden, ist der Moment, zu dem wir uns alle in irgendeiner Weise verhalten. Es ist der Augenblick, auf dem das gesamte Mysterium der Existenz ruht.

Ich stelle mir ein aufflackerndes Licht vor. Ein Glühwürmchen, das plötzlich in der Dunkelheit schimmert. Aber kann man sich diesen Augenblick überhaupt vorstellen? Nein, alles, was wir mit Sicherheit sagen können, ist, dass er stattgefunden hat. Der Ursprung des Lebens liegt im Meer. Alle Lebensformen, die heute den Planeten bevölkern, stammen von diesen einfachen und ans Meer gebundenen Organismen ab, die durch einen komplizierten chemischen Prozess zum Leben erwachten.

Und sehr lange Zeit blieb das Leben auch ausschließlich im Meer. Was wir den Baum des Lebens nennen, keimte aus diesen ersten, umherschwimmenden Samen, und nach einer Weile verzweigte sich der Stamm. Nach mehreren Milliarden Jahren der Entwicklung wimmelte es im Meer von Amöben, Algen und unterschiedlichen Urtierchenarten, später auch von Schwämmen, Würmern, Quallen, Blumentieren und Gliederfüßern. Aus den ersten, ursprünglichen Samen war eine Vielfalt entstanden, ein Gewimmel des Lebens in einer ständig expandierenden Fülle von Formen und Funktion. Doch das Leben blieb zunächst im Meer.

Rund dreieinhalb Milliarden Jahre sollte es dabei bleiben. Sieben Achtel seiner Geschichte existierte das Leben ausschließlich im Meer. Erst vor ungefähr fünfhundert Millionen Jahren kamen aus irgendeinem Grund die ersten Organismen an Land. Es könnten Schwämme oder möglicherweise primitive Gliederfüßer gewesen sein. Millionen von Jahren waren die ersten Landtiere vermutlich eine Art ambivalenter Grenzwesen, die sich zwischen Meer und Land hin- und herbewegten. Aber letztendlich entschloss sich ein Teil der Tiere dazu, an Land zu bleiben. Flossen wurden zu Beinen. Kiemen wurden zu Lungen. Wir bekamen Reptilien, Amphibien und Säugetiere, und der Baum der Evolution streckte seine verschlungenen Äste weiter in alle Richtungen aus.

Ein Teil der Landtiere entschied sich allerdings wieder um. Manche Reptilien krochen durch die Brandung zurück ins Meer und wurden nach Millionen von Jahren der Evolution beispielsweise zu Meeresschildkröten. Später folgten ihnen auch einige Säugetiere zurück ins Meer und wurden zu Walen und Delfinen.

Vielleicht war es eine Art erzwungener Rückzug zu einem ursprünglicheren Element? Oder einfach nur Heimweh?

Der konkretere Ursprung unserer eigenen Art kann ungefähr sieben Millionen Jahre nach Afrika zurückverfolgt werden, als sich unser Ast des Stammbaums von dem der Schimpansen trennte. Zwei kleine Sprossen wuchsen in verschiedene Richtungen, wenn auch nie besonders weit voneinander weg, und auf dem einen Trieb entwickelte sich ein Primat, der plötzlich entdeckte, dass er seine Hände für allerhand praktische Aufgaben nutzen konnte – wie zum Beispiel die Herstellung von Werkzeugen –, wenn er aufrecht auf zwei Beinen ging, statt sich auf allen vieren fortzubewegen. Er lernte, das Feuer zu zähmen, und aß eine variierende Kost aus Pflanzen und Fleisch. Das Gehirn wuchs, die Schädelform veränderte sich, und die Werkzeuge wurden mit der Zeit immer fortschrittlicher. Er lernte, zusammenzuarbeiten, wurde neugierig, entwickelte das Bedürfnis, seine Umgebung kennenzulernen und zu verstehen. Und er begab sich im Laufe der Zeit aus seiner Urheimat Afrika hinaus, um sich in der Welt umzusehen.

Auf unserem Zweig entstanden neue Arten, und andere starben aus. Die Evolution der verschiedenen Menschenarten ist eine verschlungene und in der Wissenschaft umstrittene Geschichte. Doch als unsere eigene Art entstand, befanden wir uns in der evolutionären Geschichtsschreibung schon fast in der Epoche, die wir als Moderne betrachten. Denn vor zweihunderttausend bis dreihunderttausend Jahren wurde der *Homo sapiens* geboren, der denkende Mensch, und in kurzer Zeit gelang es ihm, die ganze Welt zu unterwerfen und auf dem Weg dorthin auch noch alle anderen Menschenarten zu verdrängen. Als die letzten Neandertaler Europas vor rund vierzigtausend Jahren verschwanden, war er als Einziger übrig.

Zweihunderttausend Jahre. Im Verhältnis zu der vier Milliarden Jahre langen Geschichte des Meeres und des Lebens ist das eine verschwindend kurze Zeit. Ein fast unerheblicher Augenblick. Der augenscheinlich lange und vorherbestimmte Marsch des Menschen zur Herrschaft über die Erde ist tatsächlich nur ein kurzes Blinzeln. Wenn man sich vorstellt, unsere Erde wäre vierundzwanzig Stunden alt, dann würde der *Homo sapiens* weniger als vier Sekunden existieren. Man kann sich unsere Existenz vergegenwärtigen, indem man sich allein in einen dunklen Raum setzt, die Augen schließt und genau vierundzwanzig Stunden vollkommen still und stumm herumsitzt. Dann öffnet man die Augen und zählt laut vor sich hin:

Eins ... zwei ... drei ...

~~~
~~~

In dieser vergleichsweise sekundenlangen Existenz haben Menschen jedenfalls dafür gesorgt, dass sie in Bewegung waren. Es gibt viele Tiere, die wandern, manche legen dabei enorme Strecken zurück, und manche von ihnen haben sich im Verlauf der Evolution über die ganze Welt ausgebreitet und an unterschiedliche Umgebungen angepasst. Vor zehntausend Jahren lebten Löwen in allen Teilen der Welt, bis auf Ozeanien und in der Antarktis.

Beim Menschen ist das, meiner Meinung nach, aber ein wenig anders. Er scheint nicht nur in Bewegung zu sein, weil er muss, sondern, weil er will. Vielleicht ist es eine dem Menschen innewohnende Eigenschaft, dass er über die Angst hinaus auch Staunen gegenüber dem Fremden empfinden kann. Es scheint jedenfalls ein tief verwurzelter Instinkt zu sein. Das Neue und Unbekannte übt zwangsläufig auch einen Reiz aus, und der Mensch ist dafür offenbar sehr empfänglich. In – evolutionär betrachtet – kurzer Zeit hat der *Homo sapiens* alle Kontinente bis fast in den letzten Winkel erobert. Er ist sowohl mit tropischem als auch arktischem Klima zurechtgekommen, auch wenn die Antarktis bisher eher zu Kurzbesuchen einlädt. Er hat sich sogar in den Weltraum begeben. Sobald Technik und Erfindungsreichtum es zugelassen haben, scheint die menschliche Reiselust keine Grenzen gekannt zu haben.

Und für eine wandernde Seele, für ein nomadisches Tier, ist nichts wichtiger, als sich nicht zu verirren. Es macht einem Angst, die Orientierung zu verlieren. Das Gefühl berührt etwas absolut Primitives, und psychologisch ähnelt die Erfahrung einer Depression oder Psychose, etwas, das eng mit dem Selbstverlust verbunden ist. So wie Dante Alighieri in den ersten Zeilen der *Göttlichen Komödie* schreibt: »Auf halbem Weg des Menschenlebens fand / ich mich in einen finstern Wald verschlagen / Weil ich vom rechten Weg mich abgewandt.« Sich nicht orientieren zu können bedeutet nicht nur, seine Umgebung nicht wiederzuerkennen, nicht nach Hause zu finden, sondern auch, sich selbst nicht wiederzuerkennen, der Welt und seinem eigenen Ich fremd zu sein.

Also, wie finden wir den Weg?

Im Vergleich zu vielen anderen Tieren scheint der Mensch ein ziemlich miserabler Navigator zu sein. Man denke an Zugvögel. Man denke an die Küstenseeschwalbe, die im Frühling in der Arktis nistet, den Winter jedoch in der Antarktis verbringt und die in zwei oder drei Monaten allein übers offene Meer fliegt, im Sonnenlicht oder in nächtlicher Dunkelheit, ohne sich zu verirren. Oder man denke an den Monarchfalter. Höchstens ein halbes Gramm schwer, wie ein rot schimmernder Samen im Wind, fliegt er zur Überwinterung jedes Jahr die gesamte Strecke von Kanada nach Mexiko. Da der Falter nur ein paar Monate alt wird, macht nicht jedes Individuum die Reise, sondern nur jede dritte oder vierte Generation. Und trotzdem kennt er den Weg genau. In gewaltig flimmernden Schwärmen fliegt er im Herbst nach Süden, über den gesamten nordamerikanischen Kontinent, um gegen Winteranfang in genau derselben isolierten Bergregion im südwestlichen Mexiko einzutreffen, wie immer.

Solch ein Orientierungsvermögen hat der Mensch nicht, aber mit der Hilfe unterschiedlicher kognitiver Fertigkeiten haben wir dennoch eine relativ gute Fähigkeit entwickelt, uns zurechtzufinden. Im Alltag spricht man vom Orientierungssinn. In der Psychologie von räumlicher Intelligenz. Im Grunde geht es dabei um die Fähigkeit, sich seine Umgebung vorzustellen. In Bildern zu denken und mental mit Farben, Formen, Linien und Figuren und ihrem Verhältnis zueinander zu operieren. Menschen haben früh gelernt, sich Dinge einzuprägen und Orientierungspunkte und unterschiedliche natürliche Markierungen in ihrem Inneren zu visualisieren: Berge und Täler, Bäume und Gebüsche, Gewässer und Steine.

Diese Fähigkeit war nicht nur ausschlaggebend für unsere Möglichkeit, Nahrung und Lebensraum zu finden, sondern auch für unsere Entwicklung zu dem, was wir letztendlich geworden sind. Die räumliche Intelligenz hat uns die Fähigkeit verliehen, uns über große Entfernungen zu orientieren, sie hat uns geholfen, instinktiv das Verhältnis zwischen Zeit und Raum zu verstehen, sie hat unsere Umgebung nachvollziehbarer und überschaubarer gemacht. Gleichzeitig hat sie uns geholfen, unser soziales Netzwerk, unsere Fantasie und unser abstraktes Denken zu entwickeln, was wiederum eine Voraussetzung für Sprache und Kultur gewesen ist.

Wenn davon die Rede ist, wie unsere Vorfahren sich auf ihren Wanderungen zurechtgefunden haben, meint man oft genau diese Art räumlicher Intelligenz. Der nomadische Mensch lernte, in seinem Hirn kognitive Karten zu erstellen. Er merkte sich unterschiedliche visuelle Orientierungspunkte – ein besonders geformter Felsen, ein auffälliger Baum, ein Gewässer – und fand so seinen Weg durch die Landschaft.

Erforderlich war dazu in erster Linie Aufmerksamkeit. Um sich orientieren zu können, muss man vor allem beobachten. Man muss die Landschaft studieren. Man muss Wind und Wolken verstehen, den Einfluss der Jahreszeiten deuten, lernen, wie sich Sonne, Mond und Sterne über den Himmel bewegen. Es ist eine Kunst, aber es ist keine Eigenschaft an sich, nicht wie die Fähigkeit von Vögeln oder Fischen, das elektromagnetische Feld der Erde wahrzunehmen. Häufig wird gesagt, dass ein guter Orientierungssinn eine Art Instinkt ist, dass man ganz einfach weiß, in welche Richtung man gehen muss, um zu seinem Ziel zu kommen. Und vielleicht nehmen es Personen mit einem guten Orientierungssinn selbst auch so wahr. Doch so funktioniert es allem Anschein nach nicht. Die Kunst, sich zurechtzufinden, ist eher die Fähigkeit, seine Sinne vollumfänglich zu nutzen, an einem Ort wirklich anwesend zu sein, *Ich bin hier* sagen zu können und es nicht nur auszusprechen, sondern auch in jeder Hinsicht zu *erleben*. Es beginnt mit Aufmerksamkeit, einer Offenheit für die eigenen Sinneseindrücke. Um die Welt um sich herum zu verstehen, muss man sie auch *spüren*.

~ ~ ~

Aber wenn diese Umgebung das Meer ist? Wenn man nichts anderes sieht als die sich allem Anschein nach nicht verändernde Meeresoberfläche? Wie findet man sich da zurecht? Woher kannte man vor Navigationsinstrumenten oder Seekarten den Weg?

Ich stelle mir das Meer in dieser Hinsicht wie den Weltraum vor. Eine dumpfe Dunkelheit, die alles Bekannte und Unbekannte umgibt. Ein Ort, der vor allem durch die Weite und die Abwesenheit von Grenzen und Orientierungspunkten markiert ist. Wie kann man ihn interpretieren und verstehen? Wie kann man ein *Gefühl* für das Meer bekommen?

Eine plausible Antwort ist, dass die ersten Seefahrer dies tatsächlich gar nicht taten. Sie benutzten vermutlich einfache und schwer zu steuernde Boote, die dafür geschaffen waren, sich über kleinere Gewässer, entlang der Küste und mit Land in Sichtweite zu bewegen. Die ersten Menschen, die laut archäologischen Funden vor rund fünfzigtausend Jahren in Australien und Neuguinea an Land gingen, könnten es durchaus versehentlich getan haben. Sie könnten sich auf eine küstennahe Seereise begeben haben, von Monsunwinden überrascht und über das offene Meer geweht worden sein. Eine Art zufällige Navigatoren und Entdecker.

Aber zu irgendeinem Zeitpunkt lernten die Menschen dennoch, die Zeichen zu deuten. Sie bemerkten, wann das Wasser seine Farbe oder Strömungen die Richtung änderten. Sie verstanden nach und nach, wie der Wind funktionierte und im Verlauf des Jahres seinen Charakter änderte. Sie sahen, wie Ebbe und Flut sich in rhythmischen Kontraktionen bewegten. Sie lauschten den Wellen und Brandungen, die verrieten, wann die Wassertiefe unter ihnen abnahm. So wurde das Meer allmählich zu etwas, das man zumindest teilweise begreifen konnte. Aus diesen Erfahrungen heraus wuchs die Fähigkeit, die Veränderungen des Meeres als ein nachvollziehbares und vorhersehbares Muster zu verstehen, und damit auch die Voraussetzungen für eine genauere und geplante Orientierung.

Wenn man an die frühesten Seefahrer denkt, sieht man häufig das Mittelmeer vor sich. Ausgehend vom heutigen Libanon gründeten die Phönizier bereits im elften Jahrhundert vor unserer Zeitrechnung eine Vielzahl von Kolonien an der afrikanischen Nordküste und auf den Inseln des Mittelmeers. Sie wurden an Land von Ägypten, dem Assyrischen Reich und dem Persischen Reich bedrängt und begaben sich deshalb hinaus aufs Meer, fanden einen Ausweg und eine Zuflucht und segelten westwärts, den gesamten Weg durch das Mittelmeer und auf den grenzenlosen Ozean, den die Griechen Okeanos nannten. Sie segelten nach Norden, orientierten sich an der Sonne und dem Polarstern, der manchmal auch »der phönizische Stern« genannt wird. Sie erkundeten die europäische Atlantikküste, die Bretagne, die Britischen Inseln und handelten mit Metallen, Edelsteinen, Gewürzen und Holz. Felszeichnungen von Schiffen, die denen der Phönizier verdächtig ähnlich sehen, deuten darauf hin, dass sie sich möglicherweise bis nach Skandinavien begeben haben. Laut dem griechischen Historiker Herodot waren es auch die Phönizier, die im siebten Jahrhundert vor unserer Zeitrechnung als Erste den afrikanischen Kontinent umrundet haben. Mehr als zweitausend Jahre vor Vasco da Gama, allerdings in umgekehrter Richtung, sollen sie die afrikanische Ostküste heruntergesegelt sein, das Kap der Guten Hoffnung umrundet haben und wieder nach Hause zum fest umgrenzten und sicheren Mittelmeer gesegelt sein.

Die Griechen und Römer wiederum bauten nicht nur viel von ihrer Macht, sondern auch ihr Selbstbild auf der Seefahrt auf. Vor allem das Meer selbst prägte in vielerlei Hinsicht ihre Mythen und Vorstellungen. Die Rätselhaftigkeit und die Versprechungen, das verlockende, aber anscheinend auch endlose Meer forderten das Vorstellungsvermögen heraus und bildeten den klaffenden Abgrund der Welt. Es wurde so viel darüber nachgedacht, wie man dieses Element mythologisieren, romantisieren und manchmal auch vergöttern konnte, dass es die gesamte westliche Kultur geprägt hat. Der Ursprung unseres literarischen Erbes liegt buchstäblich in der Erzählung von dem Seefahrer, der sich in Homers *Odyssee* auf das offene Meer begab.

Aber sie waren nicht die Ersten. Weder die Phönizier noch die Griechen noch die Römer. Bereits einige Tausend Jahre zuvor begaben sich die Vorfahren der heutigen Polynesier auf lange Reisen über das Meer. Vermutlich segelten sie vor über fünftausend Jahren von Indonesien und den Philippinen los, um sich über weite Teile des südlichen und mittleren Pazifiks auszubreiten. In kleinen, kanuähnlichen Booten mit doppeltem Rumpf migrierten sie Tausende Kilometer über das offene Meer und ließen sich auf einer Vielzahl zuvor unbewohnter Inseln nieder, in einem Gebiet, das sich von Hawaii im Norden, zur Osterinsel im Osten und bis Neuseeland im Süden erstreckt. Sie segelten buchstäblich ins Unbekannte, geradewegs auf den Horizont zu, mit nichts als einer Vorstellung, was sich dahinter verbergen könnte.

Ich frage mich, wonach sie eigentlich suchten. Und wie sie den Weg dorthin fanden.

Man kann nur schwer wissen, wie genau sich die frühen polynesischen Seefahrer orientierten, aber man glaubt, sie hätten – bereits lange bevor die Europäer sich auf den Atlantik hinauswagten und ohne irgendwelche Instrumente zur Richtungs- oder Positionsbestimmung – riesige Meeresgebiete durchquert, von Hawaii bis nach Tahiti.

Wahrscheinlich benutzten sie eine Methode, die Koppelnavigation genannt wird und mit der die Richtung und Geschwindigkeit eines Schiffes bestimmt wird, wenn keine sichtbaren Landmarken zur Orientierung vorhanden sind. Indem man Wind, Wellen und Strömungen studiert, bekommt man ausgehend von dem Wissen, wo man sich vor einer Stunde befunden hat, einen Hinweis auf seine Position. Es ist eine Technik, die ununterbrochene Aufmerksamkeit erfordert. Ein Navigator zu Zeiten der frühen polynesischen Seereisen saß vermutlich im Heck des Bootes, seine Füße auf dem Holzboden, um die Bewegungen des Meeres unter sich zu fühlen. Er studierte die Muster der Wellen, um ein Gefühl für die Geschwindigkeit zu bekommen, nahm den Wind auf seiner Wange wahr, und den Duft, den er mit sich brachte. Es war eine Kunst der Sinne, die Fertigkeit, in jedem Augenblick vollkommen anwesend zu sein.

Die polynesischen Navigatoren lernten, wie sich Ströme und Dünungen bewegten, wie sich die Wasseroberfläche kräuselte, wenn die Meerestiefe abnahm, und was der Rhythmus und die Höhe der Wellen darüber aussagte, was vor ihnen lag. Es gibt Theorien, denen zufolge sie auch Zugvögeln folgten. Vielleicht wussten sie, dass zum Beispiel der Sibirische Goldregenpfeifer im September in eine bestimmte Richtung, von Alaska nach Australien, fliegt und im April die gleiche Strecke zurück. Vielleicht nahmen sie irgendwann auch Vögel in Käfigen mit. Sie hätten einen Fregattvogel dabeihaben können, der nicht gerne auf dem Wasser landet und dessen Flug deshalb früher oder später zu Land führt. Vielleicht lernten sie auch, das Leben unter der Wasseroberfläche zu deuten, sich in vorhersehbaren Mustern bewegende Schwärme bestimmter Fischarten, Wale, die mit ihren gewaltigen Fontänen als vorübergehende Landmarken fungierten. Und wenn sich dann Land näherte, mit dem Auge aber noch nicht erkennbar war, wussten die Navigatoren, dass es seine Anwesenheit durch Wolkenformationen und Versammlungen von Seevögeln verriet.

Sicherlich waren die Polynesier auch geschickt darin, sich an Sonne, Mond und Sternen zu orientieren. Auf der Nordhalbkugel nutzten Seefahrer lange den Polarstern, der immer reglos im Norden steht, während sich der Rest des Sternenhimmels um ihn herumdreht. Da die Polynesier sich jedoch größtenteils südlich vom Äquator bewegten, muss ihr System anders gewesen sein. Eine Theorie besagt, dass sie eine Art Sternenkompass entwarfen, der kein physisches Gerät war, sondern eher ein mentales Bild der Position verschiedener Sterne und ihrem Verhältnis zueinander. Indem man beobachtete, wo sich ein einzelner Stern zu einem gegebenen Zeitpunkt befand, konnte man ungefähr ausmachen, wo man war, und damit auch entscheiden, in welche Richtung man segeln musste. Vorausgesetzt, es war Nacht und sternenklar. So wie die Navigatoren in fast allen anderen Zeitepochen waren die Polynesier letztlich also immer dem Rhythmus der Welt und den Launen des Wetters ausgeliefert.

∼∼∼

Auf das Meer hinauszufahren, ist häufig eine Metapher für die Suche nach dem Unbekannten. Wer zum Horizont segelt, bricht zu etwas Neuem und Fremdem auf. Man lässt alles, was man weiß und kennt, hinter sich. Man ist bereit, alles zu verlieren, nur um etwas anderes zu finden.

Und lange Zeit war es natürlich nicht nur eine Metapher. Hinter dem Horizont befand sich einst im Wortsinn das Unbekannte. Die allerersten Menschen, die den Seeweg nach Australien oder zu den Inseln Polynesiens nahmen, konnten nicht wissen, was hinter der Grenze, an der das Meer auf den Himmel traf, auf sie wartete. Dennoch brachen sie auf.

Oft wurden sie dazu von Not, Armut und Hunger, Krankheiten oder Konflikten getrieben. Denn das verspricht das Meer: einen Neuanfang, die Möglichkeit, aufzubrechen und das Alte hinter sich zu lassen. Es ging weniger darum, wo man herkam, als darum, wo man hinfuhr. Von all den Dingen, die das Meer symbolisieren und repräsentieren durfte, ist es am Ende oft das: eine Zuflucht. Ein Ort, der seine eigenen Gesetze zu haben scheint und an dem man sich selten bewusst ist, wann man eine Grenze überschreitet. Das Meer lässt »keine Spuren« zu, wie es in Herman Melvilles *Moby-Dick* heißt. Hierhin begeben wir uns, wenn wir uns in seinen »uferlosen, hafenfernen Unermeßlichkeiten« verlieren wollen.

Es scheint ein Ort zu sein, an dem man bereitwillig Zuflucht sucht, fort von Unglück, Not oder Existenzangst. Wie der Muminvater in Tove Janssons *Mumins wundersame Inselabenteuer*, der des Lebens überdrüssig ist und mit seiner Familie in einen Leuchtturm auf einer fast verlassenen Insel zieht. Er sagt, er wolle das Meer kennenlernen, denn nur so könne er auch sich selbst kennenlernen. Er sehnt sich fort von einem Ort, an dem er sich überflüssig und nutzlos fühlt und an dem alles bereits getan und vollbracht zu sein scheint. Er will einen Sinn finden und glaubt, dass er es nur tun kann, wenn er sich der »unfasslichen Größe des Himmels und des Meeres« nähert.

Auf dem Meer kann man alles hinter sich lassen, alle Anforderungen und alles Vorherbestimmte. Aus diesem Grund ist es wohl auch ein Symbol für Freiheit. Mit dem Wind treiben, einen fremden Hafen aufsuchen. Einhandsegler, die sich dem Meer und Abenteuer überlassen. Entdecker, die Ozeane überqueren, um ihr eingebildetes Paradies zu finden. All diese jungen Menschen, die zu allen Zeiten »zur See fuhren«, die auf irgendeinem Schiff anheuerten, um die Vergangenheit und angeborenen Verpflichtungen hinter sich zu lassen, um jemand anderes zu werden und frei zu sein. Jenseits des Horizonts liegt der Traum von einer Wiedergeburt. Für denjenigen, der sich fortsehnte, stellte das Meer oft auch ein Versprechen dar.

Aber ich will gerne glauben, dass die ersten Seefahrer im Grunde auch etwas anderes antrieb. Dass sie neben der Not auch von der Neugier und dem Drang, zu erforschen, zu beschreiben und die Welt um sich herum zu verstehen und kennenzulernen, getrieben wurden. Dass sie segelten, weil sie es einfach nicht ertragen konnten, nicht zu wissen.

In Polynesien jedenfalls gab es lange ein kulturelles Erbe, das genau diese Neugierde und Abenteuerlichkeit bei der Eroberung des Meeres betonte. Das Wissen über die Navigation wurde von Generation zu Generation weitergegeben, durch Lieder, Legenden und Erzählungen, die auch eine gemeinsame Identität schufen. Die Polynesier wurden zu einem Volk des Meeres und das Segeln und die Navigation zu einem untrennbaren Teil ihres Selbstbildes.

Aber mit dem Einzug der modernen Welt ging dieses Erbe schrittweise verloren. Die Erzählungen verblassten im Laufe der Jahre und entfernten sich von der erlebten Wirklichkeit. Deswegen führte Mitte des zwanzigsten Jahrhunderts die Frage nach der polynesischen Kolonisierung des Pazifiks auch zu einer zeitweise angespannten Debatte. Der norwegische Entdecker und Autor Thor Heyerdahl stellte in den 1940er-Jahren die Theorie auf, dass es sich keineswegs so abgespielt habe, wie man früher geglaubt hatte. Bei den oft starken, westwärts gerichteten Strömungen und Winden, die den Pazifik rund um den Äquator prägten, sei es unlogisch, dass sich Menschen in primitiven Booten und ohne irgendwelche Hilfsmittel von Südostasien bis zu den abgelegenen Inselreichen des Pazifiks begeben hätten. Thor Heyerdahl misstraute dem Können der polynesischen Seefahrer. Die ersten Einwohner Tahitis oder der Osterinsel, meinte er, müssten stattdessen aus dem Osten gekommen sein, vom amerikanischen Kontinent.

Thor Heyerdahls Theorie besagte also, dass Seefahrer mit einfachen Wasserfahrzeugen auf den Strömen von der südamerikanischen Küste nach Westen getrieben seien und so zufällig die verstreuten Inseln des Pazifiks besiedelt hätten. Außerdem meinte er, dass dieses Volk vermutlich aus dem Mittleren Osten stamme und nach Europa ausgewandert sei, bevor es sich über den Atlantik nach Südamerika begeben habe. Es sei ein stattliches Volk gewesen, erklärte Heyerdahl, mit blondem oder rotem Haar, hellem Teint und blauen Augen. Ein sonnenanbetendes, mutiges und abenteuerlustiges Volk, mit Zügen, die Thor Heyerdahl selbst nicht unähnlich waren.

Um seine Theorie zu beweisen, brach Thor Heyerdahl im Frühling 1947 zu einer Expedition auf, die legendär werden sollte. Mit einer Besatzung von sechs Mann, fünf Norwegern und einem Schweden, verließ er am 28. April auf dem Floß Kon-Tiki die Küste Perus. Sein Ziel war, mit dem Südäquatorialstrom den gesamten Weg zum Tuamotu-Archipel in Französisch-Polynesien zu treiben.

Die Kon-Tiki war aus Balsaholz, Hanfseilen und Schilf gebaut. Sie war konstruiert, um mit den Strömungen zu treiben, und deshalb schwer zu manövrieren. An Bord hatte die Besatzung aber Vorräte, die für ihre urzeitlichen Vorgänger ein fremder Anblick gewesen wären. Wasser in Konservendosen, Essensrationen und Werkzeuge, mit denen die amerikanische Armee sie ausgestattet hatte, wasserdichte Armbanduhren von einem schweizerischen Hersteller sowie, nicht zuletzt, Seekarten, Kompass, Sextant und eine Funkausstattung mit zugehörigem Generator. Um die schweren Seewinde zu umgehen, ließen sie sich außerdem von der peruanischen Marine achtzig Kilometer ins Meer hinausschleppen, bevor die eigentliche Reise begann.

Einhundertundeinen Tag später, am 7. August 1947, lief die Kon-Tiki auf einem Korallenriff vor dem Tuamotu-Archipel auf. Sie waren fast siebentausend Kilometer über das offene Meer getrieben und hatten damit das Ziel der Expedition bewiesen: dass die Reise tatsächlich möglich war und sich die ersten Menschen von Osten aus genau auf diese Art zu den polynesischen Inseln begeben haben könnten. Laut Thor Heyerdahl war es nicht nur möglich, sondern auch plausibel und wahrscheinlich.

Tatsache ist jedoch, dass die Wissenschaft diese Theorie heute in fast allen Punkten widerlegt hat. Heyerdahl lag, kurz gesagt, falsch. Kulturelle, archäologische und linguistische Studien, in den letzten Jahren auch unstrittige DNA-Beweise, haben gezeigt, dass die Bevölkerung der polynesischen Inseln in Wirklichkeit aus dem Westen kam, aus Südostasien, und dass sie in einfachen Booten gewaltige Entfernungen zurücklegte, gegen Strömungen und Winde, auch wenn das nahezu unmöglich erscheint.

Wie haben sie das geschafft? Wie haben sie ihr Ziel gefunden?

Einige Jahre nach Thor Heyerdahls Kon-Tiki-Expedition geriet eine andere Theorie in Umlauf, die die Besiedlung Polynesiens erklären wollte. Der neuseeländische Historiker Andrew Sharp räumte zwar ein, dass die Polynesier aus Südostasien gekommen waren. Dass ihre langen Segelfahrten über den Pazifischen Ozean jedoch beabsichtigt gewesen waren, tat er als unwahrscheinlich, fast schon lächerlich ab. Die kleinen Doppelkanus seien nicht seetüchtig und die Navigation mithilfe der Himmelskörper und den natürlichen Landmarken kaum präzise genug gewesen. Die vielen langen Reisen über das offene Meer, die die Polynesier dennoch unternommen zu haben scheinen, geschahen laut Andrew Sharp aus Versehen. Immer wieder hätten sie sich für vorsichtige, küstennahe Seereisen aufs Meer begeben, seien vom Wind erfasst und machtlos weggetrieben worden, bis sie zufällig auf einer Insel gestrandet seien. Glück und Zufall hätten sie dorthin gebracht.

1958 erläuterte Andrew Sharp seine Theorie in dem Buch *Ancient Voyagers in the Pacific*, und als Reaktion darauf wurde das Interesse für die Navigationsfähigkeit der frühen polynesischen Seefahrer wieder geweckt. In Polynesien und sogar in den Inselgebieten Mikronesien und Melanesien entstand der Wille, die infrage gestellten Fähigkeiten der eigenen Vorfahren zu rehabilitieren. Erneut wurden das alte Wissen und die Erfahrungen gesammelt, die in Sagen und Legenden verblasst waren. Man führte Berechnungen und Experimente durch, um zu testen, wie brauchbar die alten Methoden und Techniken waren. Mithilfe von Computern simulierte man, wie sich die einfachen Boote möglicherweise über den offenen Pazifik bewegt haben könnten. Und schließlich führte man auch Praxistests durch.

Im Jahr 1973 wurde auf Hawaii die Organisation Polynesian Voyaging Society gegründet. Ihr Ziel war einerseits, Wissen darüber zu verbreiten, wie die alten Navigationstechniken funktionierten, andererseits wollte man das kulturelle Erbe, das verloren zu gehen drohte, zu neuem Leben erwecken.

Und so baute man ein achtzehn Meter langes Doppelkanu, gab ihm den Namen Hōkūle'a und sammelte eine Besatzung von achtzehn Mann zusammen. In Mikronesien fand man den Navigator Mau Piailug, einen der letzten Menschen, der die alten Methoden zur Orientierung auf dem Meer noch beherrschte.

Am 1. Mai 1976 lief Hōkūle'a aus dem Hafen Honolulus in Hawaii aus. Das Ziel war, nach Südosten über das offene Meer zu segeln und innerhalb eines Monats die knapp viertausend Kilometer bis Tahiti zurückzulegen. Zu Hilfe hatten sie keinerlei moderne Navigationsinstrumente. Gesellschaft leisteten ihnen lediglich ein lebendes Schwein und ein paar Hühner. Mit Honolulu im Rücken segelten sie so auf den Horizont zu, wie es ihre Vorgänger allem Anschein nach vor einigen Tausend Jahren getan hatten: den Blick auf den Horizont gerichtet und den Finger im Wind.

Von Anfang an stand der Navigator Mau Piailug vor einer Reihe von Problemen. Tahiti liegt rund achthundert Kilometer östlicher Länge von Hawaii, und die Hōkūle'a drohte durch die oft starken Ostwinde allzu sehr nach Westen abzutreiben. Die Lösung war, gleich zu Beginn so weit wie möglich gegen den Wind nach Osten zu segeln, um dann in südliche Richtung abzubiegen.

Mau Piailug bestimmte den Breitengrad des Bootes, indem er nachts die Sterne studierte. Mit einem mentalen Sternenkompass, der aus zweiunddreißig unterschiedlichen »Häusern« besteht, navigierte er die Hōkūle'a in die richtige Richtung, obwohl keine Landmarken in Sicht waren. Tagsüber beobachtete er den Lauf der Sonne. Bei Nebel notierte er die Strömungen, den Wind und bediente sich der Koppelnavigation, um das Fahrzeug auf Kurs zu halten. Mehrere Tage lang trieben sie in einer Flaute, und südlich vom Äquator gerieten sie in schwierige Windverhältnisse, die sie eine Zeit lang zu weit nach Westen führten. Mau Piailug navigierte jedoch unbeirrt weiter, die eigene Aufmerksamkeit als einziges Hilfsmittel und den Kurs des Bootes als stete Visualisierung im Bewusstsein. Und als er nach fast einem Monat einen Schwarm weißer Seeschwalben in der Dämmerung über dem Horizont schweben sah, wusste er, dass sie sich ihrem Ziel näherten.

Am 4. Juni gingen Mau Piailug und seine Mannschaft nach vierunddreißig Tagen auf Tahiti an Land. Sie brachten nicht nur das Schwein und die Hühner mit, sondern auch den unwiderlegbaren Beweis, dass die alten Navigationsmethoden der Polynesier tatsächlich funktionierten. Dass diese Kunst der Sinne und das Verständnis der Welt durch ihr *Erfühlen* trotz allem mehr als nur ein romantischer Mythos waren.

~ ~ ~

Navigare necesse est. Dass wir segeln, ist notwendig. Ist es das wirklich?

Dem griechischen Philosophen Plutarch zufolge hat das Sprichwort seinen Ursprung im Gallischen Krieg, in den Fünfzigerjahren vor unserer Zeitrechnung. Der Feldherr Pompeius hatte von Julius Cäsar den Auftrag bekommen, die Vorräte des Römischen Reichs mit Getreide aufzufüllen und über das Mittelmeer nach Karthago im heutigen Tunesien zu segeln. Gerade als er mit seinen voll beladenen Schiffen Anker lichten und wieder nach Rom zurückkehren wollte, zog ein gewaltiger Sturm auf, die Männer der Besatzung bekamen Angst und wollten nicht aufbrechen. Da ging Pompeius zum Ruder, befahl die Abfahrt und sagte: *Navigare necesse est, vivere non est necesse!* Dass wir segeln, ist notwendig, dass wir leben, ist nicht notwendig.

Was bedeutet das eigentlich?

Ursprünglich, in Plutarchs Erzählung, war es eine zynische Feststellung in einem bestimmten politischen Kontext. Der Machtmensch Pompeius war bereit, sein eigenes Leben und das der gesamten Mannschaft zu riskieren, um als Held nach Rom heimzukehren. Im Römischen Reich hatte das Sprichwort, wie auch später für die Wikinger oder die Entdeckungsreisenden der Renaissance, eine klare, wörtlich zu verstehende Bedeutung. Dass man segelt, ist notwendig, um Handel treiben und erobern zu können. Ohne Seefahrt kein Imperium.

Ich glaube allerdings, dass der Ausdruck auch eine weiterführende und metaphorischere Bedeutung hat. Die Seefahrt ist notwendig, weil sie in der Natur des Menschen liegt. Weil Menschen davon leben, sich immer wieder auf den Weg irgendwohin zu machen. Weil sie in einer vollständig entdeckten, eroberten und aufgeklärten Welt etwas von ihrer Bedeutung und ihrem Zweck verlieren.

Ist diese Vorstellung romantisch? Ein weltfremder und idealisierender Gedanke? Ja, möglicherweise, man kann nicht viel über den Ansporn des einzelnen Individuums sagen. Wenn man allerdings daran denkt, wie der Mensch sich zu allen Zeiten in Gruppen über die Erde fortbewegt hat, ist ihm ein solcher Beweggrund nicht gänzlich abzusprechen.

Denn neue Generationen sind immer weitergesegelt und

schrittweise auch besser darin geworden. Vor rund dreitausend Jahren begannen die Chinesen, Teile des Pazifiks auszukundschaften. Sie begaben sich durch die Beringstraße zum amerikanischen Kontinent, segelten südwärts nach Australien und westwärts durch die Straße von Malakka in den Indischen Ozean, vermutlich bis an die afrikanische Ostküste und weiter, am Kap der Guten Hoffnung vorbei. Etwa zu Beginn unserer Zeitrechnung erfanden sie auch den ersten Kompass, indem sie ein Stück magnetischen Minerals auf einem Korken durch eine Wasserschale schwimmen ließen. Diese Konstruktion war primitiv und anfällig, an Bord eines kleineren Wasserfahrzeugs auf dem unbändigen Meer nicht besonders hilfreich, und es sollte noch lange dauern, bis der Kompass zu dem lebensnotwendigen Werkzeug entwickelt wurde, das er später war. Im zwölften Jahrhundert wurde er erstmals verbreitet in der Seefahrt benutzt.

Die Chinesen waren vermutlich auch die Ersten, die mithilfe von Geräten die Geschwindigkeit eines Schiffes maßen. Lange wurde sie anhand von Augenmaß und Koppelnavigation bestimmt. Die Chinesen aber warfen ein schwimmendes Holzstück vom Bug und zählten die Sekunden, bis es sich am Heck befand. Eine Methode, die im selben Maße wie der Kompass entwickelt und verfeinert wurde. Man befestigte das Holzstück an einem Seil und warf es vom Bug des Bootes. Das Seil befand sich an einer Spule, sodass es einfach abrollen konnte, und die Zeit wurde mit einem Stundenglas gemessen. Indem man in bestimmten Abständen Knoten ins Seil machte, konnte man die Geschwindigkeit des Schiffes mit größerer Präzision berechnen. Die Geschwindigkeit auf dem Wasser wurde in Knoten gemessen.

Die Position eines Fahrzeugs auf dem Meer genauer bestimmen zu können, wurde immer mehr zu einer wissenschaftlichen Herausforderung, und selbst Mathematiker und Astronomen nahmen an dieser Pionierarbeit teil. Die Griechen entwickelten bereits in der Antike ein scheibenähnliches Instrument, Astrolabium genannt, das die Höhe verschiedener Himmelskörper über dem Horizont bestimmte und dazu benutzt werden konnte, den Breitengrad zumindest ansatzweise festzustellen. Es sollte später von arabischen Seefahrern weiterentwickelt und bis in die Moderne benutzt werden. Auf diese Weise bekamen Navigatoren einen exakteren Punkt, von dem sie jederzeit ausgehen konnten. Die Möglichkeit, auf Basis von mehr als nur einem Gefühl oder der eigenen Vorstellung *Ich bin hier* sagen zu können. Und so wurde die Seefahrt durch Wissenschaft und Erfahrungen eine immer erfolgreichere Möglichkeit für Menschen, zu entdecken und den eigenen Horizont zu erweitern, sich die Welt zielstrebiger zu eigen zu machen.

Ja, vielleicht mussten die Menschen segeln, doch über das Meer wird immer gesagt, dass es ebenso viel nimmt, wie es gibt. Für jeden frühen Seefahrer, der es schaffte, das Meer zu einem neuen Land zu überqueren, gab es einen anderen, der scheiterte. Wie viele sind aufgebrochen und niemals zurückgekehrt? Wie viele sind verloren gegangen, verhungert oder verdurstet, untergegangen und ertrunken?

Bei allem, was die Navigatoren bewältigen mussten, ging es auch immer darum: zu vermeiden, dass man unterging. Sobald man die letzte Landmarke aus den Augen verlor, war man auf ganz andere und fundamentalere Weise ausgeliefert als an Land. Der Mensch mag zwar die Welt zähmen und sich zu eigen machen, das Meer aber lässt sich auf diese Weise nicht wirklich beherrschen.

Darum ist der Navigator auch in der Kultur und Mythologie zu einer wichtigen Figur geworden. Ein Lebensretter im unheilvollen Kampf gegen die Elemente, eine Art einsamer Wächter gegen die Katastrophe. Als der Navigator Palinurus in Vergils Epos *Aeneis* über Bord geht und verschwindet, nimmt die Reise ins Totenreich ihren Anfang. Wie auch, als Spiegelung, der Steuermann in Joseph Conrads Roman *Herz der Finsternis* genau in dem Moment von einem Speer getroffen wird und stirbt, als das Schiff das dortige Gegenstück zur Unterwelt erreicht, das Lager des Oberst Kurtz, das wahre Herz der Finsternis.

So sind die Navigatoren von Zeit zu Zeit zur Metapher für den ausgesetzten Menschen geworden. Wenn sich das Meer in alle Richtungen erstreckt, vom Morgengrauen bis zur Abenddämmerung und von Horizont zu Horizont, Tag für Tag und nur mit fernen und fremden Zeichen ausgestattet, an denen man sich orientieren kann, dann handelte das Segeln und Navigieren davon, etwas ausgeliefert zu sein, das kein Mensch überblicken kann. Und vielleicht war das der Grund, weshalb die Menschen, die aufs Meer hinaussegelten, einander immer öfter zu helfen begannen, um mit der Einsamkeit zurechtzukommen, mit der dieses Element sie konfrontierte. Denn um das Meer wenigstens in den Griff zu bekommen, wenn auch nicht wirklich zu beherrschen, bedurfte es mehr, als nur auf die eigenen Sinneseindrücke zu vertrauen. Es bedurfte einer neuen Form der Bewahrung und der Weitergabe von Wissen, das Seefahrer sich über Generationen und Kontinente hinweg angeeignet hatten. Segler waren auf die Erfahrungen der jeweils anderen angewiesen, darauf, dass das Wissen über die Welt und das Meer systematisch erfasst und zugänglich und verständlich gemacht wurde. Sie mussten die Welt überschaubar machen. Sie mussten ganz einfach Karten zeichnen.

Betrachtet man die doch recht lange Geschichte der Seefahrt, tauchen die ersten detaillierteren Seekarten erst relativ spät darin auf. Die ersten bekannten Logbücher stammen aus dem vierten Jahrhundert vor unserer Zeitrechnung. Aufzeichnungen, die zum Beispiel eine Küstenlinie beschrieben, wie man zwischen zwei Häfen segeln sollte und wo man Städte, Landmarken und Ankerplätze fand. Die Griechen begannen auch schon in der Antike, Karten vom Mittelmeergebiet zu zeichnen, auf denen sie Städte und Inseln vermerkten und Routen und Entfernungen eintrugen.

Das frühe Kartografieren des Meeres wurde jedoch oft ebenso sehr von der Vorstellungskraft wie von Beobachtungen geprägt. Was jenseits des Horizonts lag, lag auch jenseits von dem, was man wahrnehmen und beschreiben konnte. Das unterscheidet den Horizont von anderen Grenzen: Man kann ihn niemals überschreiten, ganz egal, wie weit man segelt, er liegt zwangsläufig immer vor einem. Und wo Beobachtungen und Wissen fehlten, durfte eine andere Fähigkeit übernehmen. Die Fantasie wurde zu einem Kartografen.

Auf den frühen europäischen Weltkarten konnten in der Peripherie nach wie vor vollkommen ausgedachte Kontinente auftauchen, oder Meere, in denen es von Monstern und Seejungfrauen wimmelte. Südamerika oder Afrika waren da manchmal mit der Antarktis verbunden, und am Rande der Welt kamen vage, träumerische Landmassen mit seltsamen, menschenähnlichen Wesen vor.

Das systematischere Kartografieren der Welt nahm in Europa erst ab dem vierzehnten Jahrhundert Fahrt auf. In Knotenpunkten wie Genua, Venedig oder Barcelona führten die politischen Verhältnisse in Kombination mit technischen Innovationen zu neuen Möglichkeiten, aber auch zu veränderten Bedürfnissen. Als der Kompass regelmäßiger in der Seefahrt eingesetzt wurde, brauchte man auch detailliertere und umfassendere Karten. In Frankreich, Italien und Deutschland wurde Anfang des fünfzehnten Jahrhunderts Papier hergestellt, und Mitte des Jahrhunderts erfand Johannes Gutenberg die Druckerpresse, die völlig neue Möglichkeiten zur Verbreitung von Informationen schuf. An vielen Orten in Europa wuchs gleichzeitig der Traum, neue Wege über das Meer in die Welt hinaus zu finden, zu Stoffen, Gewürzen, Gold und anderen Reichtümern. Der europäische Kolonialismus witterte Morgenluft, und mit ihm ein neuer und immer gierigerer Blick auf die Welt.

Und mit neuen Ideen und neuer Technik erblickte auch eine neue Art Mensch das Licht der Welt. Ein Mensch, der mehr als zuvor sein Wissen sammelte, der beobachtete und analysierte, der aber auch berücksichtigte, was andere vor ihm beobachtet und analysiert hatten. Karten und Schriften aus dem antiken Griechenland, die jahrhundertelang in Vergessenheit geraten waren, wurden neu übersetzt und verbreitet. Die Neugier dieses neuen Menschen streckte sich sowohl über historische als auch geografische Entfernungen hinweg. Er vermehrte das Wissen, nutzte Erfahrungen anderer und machte sie allgemein und dauerhaft. Er war ein Mensch, der die Welt kennenlernen wollte, um sie zu verstehen, aber auch, um sie zu erobern und auszunutzen. Ein Mensch, der sich im Guten wie im Schlechten selbst zum Teil einer Menschheit machte.

In der kleinen Stadt Sagres im südwestlichen Portugal saß ein Mann, der Heinrich der Seefahrer genannt wurde und der Pläne schmiedete, wie der Mensch das Meer noch besser beherrschen könnte. Er war eigentlich kein besonders guter Seefahrer. Als Sohn des portugiesischen Königs Johann I. war er einmal in jungen Jahren durch die Straße von Gibraltar gesegelt und hatte an der für die Portugiesen siegreichen Schlacht um die maurische Hafenstadt Ceuta teilgenommen. Wieder zu Hause angekommen, ließ er sich in Sagres in der Algarve nieder, wo er 1418 ein

Observatorium und eine legendäre Seefahrerschule gründete. Er soll portugiesische, arabische und jüdische Experten verschiedener Gebiete dorthin gelockt haben. Seefahrer, Navigatoren, Instrumentenbauer, Kartografen, Astronomen, Mathematiker sowie Schiffsbauer. Durch engagierte Zusammenarbeit sollte das Wissen über das Meer in nur wenigen Jahrhunderten hier vervielfacht werden.

An der Schule von Heinrich dem Seefahrer wurde angeblich die Karavelle entwickelt. Diese war kleiner und einfacher zu manövrieren als bisherige Schiffe, darüber hinaus konnte man damit auch besser gegen den Wind segeln, wenn es erforderlich war. Mit diesem Schiff begannen die Portugiesen eine ausgedehnte und brutale Kolonisierung, vor allem der afrikanischen Westküste und der Inseln im Ostatlantik. Heinrich der Seefahrer stattete die Expeditionen nach Madeira, zu den Azoren und nach Kap Verde aus, bezahlte sie und ließ die Westküste Afrikas bis ins heutige Sierra Leone erkunden. Das langfristige Ziel waren eine Umrundung des afrikanischen Kontinents sowie das Finden eines Seewegs nach Indien mit seinen Reichtümern und Gewürzen, aber auf dem Weg dorthin wurden sowohl Handelsbeziehungen etabliert als auch Eroberungen durchgeführt. Der Legende nach gab die Seefahrerschule in Sagres sozusagen den Startschuss für das Zeitalter der europäischen Expansion, wie es heute bezeichnet wird.

∼∼∼

Und in Venedig saß also etwa zur selben Zeit der Mönch Fra Mauro und sammelte Erfahrungen, die auf dem Meer gemacht worden waren, um die bis dahin detaillierteste und wahrheitsgetreueste Weltkarte zu erstellen. Fra Mauro lebte und arbeitete im Kloster San Michele auf einer der Inseln Venedigs. Er wurde Ende des vierzehnten Jahrhunderts geboren, war als junger Mann zunächst als Soldat und dann als Kaufmann in der Welt herumgereist und mit dem Mittelmeergebiet und dem Nahen Osten vertraut. Als er ins Kloster ging und nicht mehr selbst reisen konnte, studierte er stattdessen Geografie und Kartografie. Er schien wie besessen von der Form der Welt und davon, wie diese Welt aus einer Außenperspektive aussehen könnte, vom Himmel aus oder von der dumpfen Dunkelheit des abstrakten Weltraums.

Er bemühte sich vor allem um Originalquellen, studierte die Karten der antiken Griechen wie auch die der Araber und Portugiesen. Er war mit den mathematischen Herausforderungen innerhalb der Kartografie wohlvertraut, mit Breiten- und Längengraden, er wusste, wie wichtig es war, Positionen zu bestimmen und die Beziehung jedes einzelnen Punktes zu anderen Punkten zu berechnen. Er wusste alles über die Reisen Marco Polos nach Osten, die mehr als hundert Jahre zuvor stattgefunden hatten.

Vor allem aber erhielt er Informationen aus erster Hand von den Menschen, die draußen auf dem Meer gewesen waren. Täglich kamen mit Kostbarkeiten beladene Schiffe von nah und fern nach Venedig, im Hafen liefen Menschen herum, die mehr von der Welt gesehen hatten als irgendeine Generation vor ihnen. Und Fra Mauro suchte sie auf, sie wurden seine Experten vom Meer, und er zog sie in allen Dingen zurate, die mit Küstenlinien, Entfernungen und den Proportionen der Welt zu tun hatten. Immer neue Entdeckungen in Ost und West füllten sein schnell wachsendes Archiv.

Er lernte den Seefahrer Pietro Querini kennen, der im Sommer 1431 mit drei Schiffen voll Wein und Gewürzen nach Norden gesegelt, dabei allerdings in einen heftigen Sturm geraten war und vor den Lofoten in Norwegen Schiffbruch erlitten hatte. In einem kleinen Rettungsboot konnte sich Querini an Land retten, und nach drei Monaten war er wieder zu Hause am Mittelmeer. Jetzt konnte er Fra Mauro von den geografischen Details der norwegischen Küste berichten, von den Inseln, Landzungen und Buchten, ebenso wie von ihrer Form und ihrem Verhältnis zueinander.

Von arabischen Seefahrern erfuhr Fra Mauro Details über die afrikanische Ostküste südlich des Roten Meeres. Die Portugiesen erzählten ihm von der Westküste Afrikas und den Inseln im Ostatlantik. Informationen über die nordöstlichen Teile Europas und Nordasien bekam er von Abgesandten der koptischen Kirche, die ihm persönlich Küstenlinien, Städte und Landmarken aufzeichneten.

All dieses Wissen, all diese Erfahrungen sammelte Fra Mauro in seinem Kloster auf der kleinen Insel in der Lagune von Venedig. Und als die Republik Venedig Ende des fünfzehnten Jahrhunderts eine *mappamondo* in Auftrag gab, eine neue Weltkarte, ging es in erster Linie darum, diese Informationen zusammenzufassen und Tausende Beobachtungen aus Hunderten Jahren und von mehreren Kontinenten zu einem einzelnen, überschaubaren Bild der Welt und deren Meer und Land zu machen.

Mehr als zehn Jahre lang arbeitete Fra Mauro an seiner Weltkarte. Er fertigte mehrere, unterschiedliche Versionen an, aber durch die neuen Beobachtungen, die er fortlaufend dank der Schiffe bekam, die den Hafen Venedigs anliefen, musste er ständig Aktualisierungen vornehmen, und als er 1459 starb, war die Karte noch nicht ganz vollendet. Sein Gehilfe Andrea Bianco stellte die endgültige Version fertig, die heute in der Bibliothek von San Marco zu finden ist.

Das Ergebnis ist historisch, nicht nur wegen der künstlerischen Leistung und weil die Karte ihrer Zeit weit voraus war, sondern auch, weil sie auf eine recht erstaunliche Weise mit den Traditionen brach. Der Mönch Fra Mauro platzierte beispielsweise nicht Jerusalem in der Mitte der Welt, wie es in christlichen Ländern üblich war. Er wusste, dass Asien sehr viel größer war als Europa und Jerusalem deshalb nicht so zentral im Bild liegen konnte. Er zeichnete das Zentrum der christlichen Welt, Palästina und das Heilige Land, sehr viel kleiner und peripherer, als man es früher getan hatte. Im Unterschied zu vielen der christlichen Kartografen seiner Zeit fügte er auch keinen Garten Eden auf der Karte ein. Das biblische Eden wurde in jener Zeit für gewöhnlich weit im Osten oder im südlichsten Afrika verortet. Für Fra Mauro wäre dies ein Bruch mit der Wahrheit gewesen, die er anstrebte. Er wusste von seinen Informanten, dass dort kein Eden zu finden war, und zeichnete stattdessen, als Kompromiss, ein kleines, irdisches Paradies außerhalb der Karte, als abgetrenntes Bild in einer der unteren Ecken.

Mit der Karte von Fra Mauro wurde das Bild der Welt ein wenig wahrheitsgetreuer. Mythen und Vorstellungen wurden zugunsten dessen aufgegeben, was man tatsächlich wusste. Und so wurde zugleich das Fundament für eine systematischere Erforschung der Welt gelegt, die es dem Menschen ermöglichte, sich das Meer zu unterwerfen wie noch nie zuvor.

Der portugiesische Weltumsegler und der malaiische Sklave

Welche Menschen waren es eigentlich wirklich, die sich das Meer unterwarfen und die Welt zu einem Ganzen zusammenfügten? Nicht immer die offensichtlichsten, wie sich gezeigt hat.

Als Ferdinand Magellan am 10. August 1519 im Hafen von Sevilla an Bord seines Flaggschiffes Trinidad ging, befand sich an seiner einen Seite Antonio Pigafetta, ein italienischer Seefahrer, der anhand eines Tagebuchs die Reise für die Nachwelt festhalten sollte. An seiner anderen Seite war sein persönlicher Sklave, ein junger Mann, der Enrique von Malakka genannt wurde. Nur einer der drei sollte wieder nach Sevilla zurückkehren. Und wer von ihnen tatsächlich der erste Weltumsegler war, ist in gewissem Grad immer noch der eigenen Fantasie überlassen.

Die Fahrt, die für gewöhnlich als erste Weltumseglung bezeichnet wird, war eine Reise, die in vielerlei Hinsicht ihre Zeit definierte. Man könnte sie sogar als den Höhepunkt des Zeitalters der europäischen Expansion bezeichnen, als eine Geschichte von grenzüberschreitenden und revolutionären Entdeckungen, eine Großtat, die darüber hinaus für eine neue Art und Weise stand, welchen Platz man sich selbst in der Welt gab. Wie man diese Tat im Nachhinein bewertet, beruht hingegen darauf, wessen Perspektive man einnimmt.

Der Mann, der unter anderem in Schweden unter dem Namen Ferdinand Magellan bekannt ist, wurde im Frühling 1480 als Fernão de Magalhães in Sabrosa geboren, einer kleinen, aber wohlhabenden Stadt im nordportugiesischen Binnenland, weit vom Meer entfernt. Er war der Sohn des Bürgermeisters und gehörte von Geburt an zu einer privilegierten Oberklasse. Er hatte zwei Geschwister, eine Schwester und einen Bruder. Als er etwa zehn Jahre alt war, starben seine Eltern, und der junge Magellan wurde nach Lissabon geschickt, um am Hofe von Johann II. zu dienen. Dort wurde sein Interesse für die Seefahrt geweckt, er studierte Astronomie und Navigation und begann, von einem Leben auf dem Meer zu träumen.

Das Ende des fünfzehnten Jahrhunderts war in vielerlei Hinsicht eine einzigartige Epoche in Europa. Eine Zeit, in der man sich die Welt öffnete und neue Handelsverbindungen etablierte. Eine Zeit neuer Waren, Aromen und Düfte – und damit auch neuer Reichtümer. Die europäische Oberklasse war auf den Geschmack von Importen aus dem Orient gekommen. Seidenstoffe aus China, Perlen aus Sri Lanka, Diamanten aus Bangladesch. Man zeigte seinen Reichtum, indem man weit gereiste Waren präsentierte. Der Weihrauch in den katholischen Kirchen, das Opium in den Kellerlöchern, das Rosenöl der Parfüms, alles schien aus dem Osten zu kommen.

Und am wichtigsten und begehrtesten waren die Gewürze. Mit ihnen gestaltete die Welt sich neu, sie erhielt neue Konturen und neue Herrscher. Mit den Gewürzen nahm der europäische Kolonialismus ernsthaft Fahrt auf. Der internationale Handel mit ihnen führte nicht nur zu unermesslichen Reichtümern, sondern auch zu Eroberungen, Plünderungen, Sklaverei und ganz neuen Formen von Macht. In der einfachen Küche Europas, in der man zu jener Zeit noch nicht einmal Kartoffeln, Tomaten, Kaffee oder

Zitronen kannte, waren die orientalischen Gewürze ihr Gewicht in Gold wert. Pfeffer, Muskatnüsse, Ingwer, Gewürznelken und Zimt. Die neuen Geschmäcker waren so begehrt, dass sie tatsächlich die gesamte Weltwirtschaft veränderten und Macht und Einfluss sowohl über die Alte als auch die Neue Welt umverteilten. Schlussendlich veränderten die Gewürze auch die Landkarten.

Und es war das Meer, das nun den Weg zum Reichtum eröffnete. Schon die Römer hatten die Produkte aus dem Osten entdeckt, und lange Zeit wurde eine Art informeller Handelswege aufrechterhalten, die gewährleisteten, dass zumindest die allerreichsten Europäer Zugang zu diesen Waren hatten. Diese Handelswege hatten jedoch viele und kostspielige Hürden. Über die Seidenstraße wurden Seidenstoffe, aber auch Gold, Silber und Edelsteine gebracht: auf dem Landweg aus China, durch Persien und Mesopotamien, Bagdad, Damaskus und Beirut. Solche Reisen konnten mehrere Jahre dauern, und unterwegs wurden die Waren unzählige Male gekauft und weiterverkauft, bevor sie ihr endgültiges Ziel erreichten.

Die Gewürze wiederum hatten eine mindestens genauso lange und beschwerliche Reise. Viele von ihnen wurden auf den Molukken, den sogenannten Gewürzinseln im heutigen Indonesien, angebaut und geerntet, dort von einem örtlichen Kaufmann aufgekauft und nach Malakka im heutigen Malaysia verschifft, wo sie gegen kostspielige Zollabgaben umgeladen und über das Meer nach Westen verschifft wurden. Dabei ging es durch mehrere indische Häfen, in denen jedes Mal jemand die Hand aufhielt, und dann weiter über das offene Meer, bis die Fracht Ägypten erreichte, wo sie auf Karawanen umgeladen wurde, die die kostbaren Säcke auf langen Wegen durch die Wüste bis zum Hafen von Alexandria brachten. Dort wurden sie erneut auf

Schiffe geladen, um übers Mittelmeer beispielsweise nach Venedig zu gelangen, wo die Gewürze endlich ihren Bestimmungsort erreichten und natürlich zu astronomischen Summen verkauft wurden.

Für einen Europäer, dem es glückte, all diese Zwischenhändler, Kosten, Entbehrungen und Gefahren zu umgehen, öffnete sich mit anderen Worten das Himmelreich, er konnte zu Wohlstand von völlig neuen Ausmaßen gelangen. Es war eine Zeit wie gemacht für eine neue Form europäischer Nationen, der Seefahrernationen. Und Ende des fünfzehnten Jahrhunderts konkurrierten Spanien und Portugal am eifrigsten darum, die größte von ihnen zu werden.

Bereits Mitte des fünfzehnten Jahrhunderts hatten die Portugiesen damit begonnen, von einem Seeweg nach Indien und den begehrten Waren dort zu träumen. Maßgeblich an diesen Bestrebungen war Heinrich der Seefahrer gewesen. Und als Christoph Kolumbus in den 1480er-Jahren eine Seereise nach Westen plante, hatte er ebenfalls das Ziel, Indien auf diesem Weg zu erreichen. Vielleicht hatte er von den Reisen Leif Erikssons und der nordischen Seefahrer nach Westen gehört. Vielleicht auch davon, wie Prinz Madoc aus Wales und Abubakari aus Mali einige Hundert Jahre zuvor über den Atlantik gesegelt waren und neues Land gefunden hatten. Es heißt, sein Schwager habe einmal vor Madeira eine an Land gespülte exotische Nuss gefunden, was Kolumbus davon überzeugte, dass er diesen noch nicht kartografierten Kontinent und das Indien, zu dem er wollte, finden würde, wenn er nur weit genug nach Westen segelte.

Kolumbus legte dem portugiesischen König Johann II. seinen Plan dar, erhielt aber eine Absage und begab sich stattdessen nach Spanien, wo sich das Königspaar Ferdinand II. von Aragón und Isabella I. von Kastilien wohlwollender zeigte. Kolumbus bekam grünes Licht für seine Expedition, und als er im August 1492 unter spanischer Flagge westwärts über den Atlantik segelte, tat er es mit ebendiesem Ziel: einen Seeweg nach Asien und zu dessen Reichtümern zu finden. Dass er dort niemals ankam und stattdessen auf einem anderen Kontinent landete, beeindruckte ihn nicht weiter. Christoph Kolumbus war zeit seines Lebens davon überzeugt, in Asien gewesen zu sein.

Für das Zeitalter der europäischen Expansion war dies ein ziemlich peinliches Detail. Nicht zuletzt, weil Kolumbus' Expedition zu einer der bizarrsten Vereinbarungen der kolonialen Geschichte führte. Mit der »Entdeckung« Amerikas und dem immer intensiver werdenden Tauziehen zwischen Spanien und Portugal um neue Eroberungen sah die katholische Kirche sich gezwungen, Ordnung ins Chaos zu bringen. Und so wurde im Herbst 1494 der Vertrag von Tordesillas unterzeichnet. In der Praxis bedeutete er, dass Papst Alexander VI. die Erde zwischen den seefahrenden Großmächten Spanien und Portugal aufteilte. Ungefähr zweitausendzweihundert Kilometer westlich von Kap Verde wurde eine sogenannte Demarkationslinie über die Landkarte gezogen. Sie verlief von Pol zu Pol, von Norden nach Süden, mitten durch den Atlantik. Alles, was westlich dieser Linie entdeckt oder erobert wurde – jedes Land, sämtliche Reiche, alle Menschen und Bodenschätze –, sollte automatisch Spanien gehören. Alles östlich dieser Linie fiel nach derselben Logik an Portugal. Es war eine praktische Vereinbarung, eine neue Weltordnung, und mit ihr hatten die europäischen Großmächte jetzt ein klares und eindeutiges Regelwerk, um mit der fortlaufenden Eroberung der Welt umzugehen.

Diese Ordnung hatte allerdings auch gewisse Mängel. Vor allem war es eine zweidimensionale Ordnung in einer dreidimensionalen Welt. Denn die Demarkationslinie wurde schließlich nur über die halbe Erde gezogen. Es gab keine Grenze auf der gegenüberliegenden Seite, im Pazifik, und wenn man bestimmte, dass Spanien Anspruch auf alles westlich der Linie hatte, gab es eigentlich keine Beschränkung dafür, wie weit man von dort nach Westen segeln durfte. Erst 1529, lange nach dem Tod Kolumbus' und Magellans, wurde die Aufteilung durch den Vertrag von Saragossa vervollständigt, in dem auch auf der anderen Seite der Erde eine Demarkationslinie gezogen wurde.

Es war jedenfalls vor dem Hintergrund des Vertrages von Tordesillas, dass Vasco da Gama im Auftrag Portugals um Weihnachten 1497 herum das Kap der Guten Hoffnung umrundete und den Seeweg nach Indien fand. Für Portugal war es eine Revolution. Mit seiner von Spanien geschlossenen Landgrenze war das Land vollständig von der Seefahrt abhängig, um Handel nach Osten betreiben zu können. Durch den neuen Seeweg zum Indischen Ozean sowie mit dem päpstlichen Vertrag, der Portugal das Recht gab, alles in dieser Richtung zu erobern, wurde plötzlich eine enorme Expansion möglich. Eine Zeit lang war Portugal, dieses kleine Land mit nur anderthalb Millionen Einwohnern, nicht nur die wichtigste Seefahrernation der Welt, sondern auch eine koloniale Großmacht, die Anspruch auf ein Reich erhob, das größer war als das Römische Reich zum Zeitpunkt seiner weitesten Ausdehnung. Und Spanien konnte nichts anderes tun, als neidisch zusehen.

Ferdinand Magellan war, wie gesagt, Portugiese, und als er im Alter von etwa zwanzig Jahren zur See fuhr, tat er es für ein Land, das gerade dabei war, sich das Meer wie kein anderes zu unterwerfen. 1505 wurde er nach Indien geschickt, wo er dabei half, den portugiesischen Vizekönig einzusetzen. Er war an der Errichtung von Militärbasen und Handelsstützpunkten beteiligt, an Gefechten und Eroberungen. Er wurde in einer kolonialen

Weltsicht geschult, die von der berauschenden Selbstgerechtigkeit der Macht getrieben wurde. Bereits 1452 hatte der damalige Papst Nikolaus V. Portugal in einer Bekanntmachung das Recht eingeräumt, alle Nichtchristen »für immer zu versklaven«. Die ethnisch und religiös motivierte Sklaverei und das Menschenbild, das ihr zugrunde lag, stellte von Anfang an sowohl die treibende Kraft als auch die Voraussetzung für das Zeitalter der europäischen Expansion dar. Und durch den Vertrag von Tordesillas hatte die portugiesische Flotte nun sogar eine Art doppeltes Mandat: ein politisches und ein religiöses. Sie segelten nicht nur unter portugiesischer Flagge, sondern auch als Repräsentanten des Papstes und der katholischen Kirche und in der Verlängerung auch für den allmächtigen christlichen Gott. Dies bedeutete, dass eigentlich keine ihrer Taten falsch sein konnte. Eroberte Länder wurden dieser Logik nach nicht erobert, sie wurden von den Ungläubigen befreit, vor allem von den Muslimen, die große Macht im Indischen Ozean besaßen. Versklavte Menschen wurden im Grunde nur vor Aberglauben und Hedonismus gerettet. Die in das Imperium strömenden Waren und Reichtümer konnten als lediglich angenehme Nebenprodukte der größeren und moralisch motivierten Ambition gesehen werden: der Verbreitung des christlichen Glaubens, der Erlösung der gesamten Welt.

~~~

Im Sommer 1511 nahm Magellan an der portugiesischen Eroberung des Sultanats von Malakka teil. Er war einunddreißig, neureich und siegestrunken. Durch den Hafen von Malakka, nach der die Straße von Malakka im Indischen Ozean benannt ist, mussten fast alle Handelsschiffe, die in diesem Teil des Meers unterwegs waren. Alle Waren – Stoffe, Gold und Gewürze – wur-
~~~

den dort gewogen und umgeladen. Unzählige Dschunken und Barken aus China, Indien, Borneo und den Molukken lagen hier Seite an Seite vor Anker. Und wer dort die Macht hatte, besaß auch den Schlüssel zum Orient.

Bereits zwei Jahre zuvor hatten die Portugiesen versucht, Malakka einzunehmen, und auch damals war Magellan dabei gewesen, doch der Versuch war fehlgeschlagen und die Eroberung misslungen. Jetzt, im Juli 1511, waren sie besser gerüstet. Nach einem sechs Wochen andauernden Seegefecht nahmen sie das Sultanat ein und konnten sich daraufhin als Herrscher über so gut wie den gesamten Ozean betrachten.

Dies feierte Magellan, indem er sich einen Sklaven kaufte. Einen Jungen, vermutlich im Teenageralter. Niemand weiß heutzutage mehr, woher er tatsächlich kam, wie er hieß oder wie alt er war, aber laut Magellan war er »geboren in der Stadt Malacca«, und gesichert ist auf jeden Fall, dass er Malaysisch sprach, die Sprache, die im Sultanat von Malakka zu der Zeit benutzt wurde und auch als Lingua franca im Handel und bei Kontakten in diesem Teil der Welt fungierte.

Magellan ließ seinen Sklaven taufen, gab ihm den Namen Enrique und nahm ihn kurz darauf zu einer der bemerkenswertesten Reisen der Geschichte mit.

Enrique war also an Magellans Seite, als dieser 1512 zunächst nach Portugal zurückkehrte. Es war nicht mehr dasselbe Portugal wie das, welches Magellan sieben Jahre zuvor verlassen hatte, um Richtung Osten zu segeln. In Lissabon zeigten sich die neu gewonnene Macht und der Reichtum an jeder Straßenecke. Eine riesige Kathedrale war errichtet worden, im Hafen lagen mit Gold, Stoffen und Gewürzen beladene Schiffe, und auf den Straßen zog der neureiche Adel in vergoldeten Wagen vorbei. Und Magellan war Teil dieses Neuen und Gewaltigen. Er besuchte die Messe in der Kathedrale, kniete vor dem Kreuz nieder und gelobte, im Namen Portugals dem einzigen und wahren Gott zu dienen. Eine Zeit lang schien es keine Grenzen dafür zu geben, wo ihn das Leben hinführen könnte.

Doch das alles sollte sich bald ändern. Im Sommer 1513 wurde Magellan nach Marokko geschickt, wo er an der Schlacht bei Azemmour teilnahm. Sie kämpften erfolgreich, doch bei seiner Rückkehr nach Lissabon wurde Magellan zu seiner Verwunderung keineswegs als Kriegsheld empfangen, sondern wie ein Betrüger. Es hieß, er hätte die besiegten Feinde in Azemmour einen Teil der Kriegsbeute – eine Schafherde – zurückkaufen lassen, und zwar zu seinem eigenen Nutzen. König Manuel I. verweigerte ihm seinen Sold und erklärte, Magellan sei in der Flotte nicht länger erwünscht. Daraufhin gab dieser seine portugiesische Staatsbürgerschaft auf und zog mit Enrique ins spanische Sevilla.

Er erhielt die spanische Staatsbürgerschaft und bot dem spanischen Hof seine Dienste an. Dann begann er Pläne für eine Reise zu schmieden, die ihm die Rehabilitation verschaffen würde, die er in seinen eigenen Augen verdiente. Sein alter Freund Francisco Serrão hatte ihm in Briefen von den märchenhaften Molukken erzählt. Sie hatten zusammen in Malakka gekämpft, und er hatte sich nach einem Schiffbruch auf die sagenumwobenen Gewürzinseln gerettet. In seinen Briefen erzählte Serrão nun von einem schönen, warmen und reichen Ort, wo das Leben so viel einfacher und idyllischer sei als im kalten Europa und wo wertvolle Gewürze buchstäblich im Überfluss gediehen.

In Magellans Kopf nahm eine Idee Gestalt an. Er würde zu Ende führen, was Christoph Kolumbus fünfundzwanzig Jahre zuvor missglückt war. Er würde den westlichen Seeweg nach Südostasien finden. Zwar hatte sich dort bereits sein früheres

Heimatland Portugal innerhalb kurzer Zeit eine fast unbegrenzte Macht über den Handel verschafft, dennoch schien es einen Schatz zu geben, der noch erobert werden konnte: die Molukken. Bislang war es noch keiner europäischen Nation gelungen, sie vollständig zu erobern. Die im Vertrag von Tordesillas von 1494 enthaltene Uneindeutigkeit trat dort zudem aufs Schärfste zutage: Lagen die Molukken nun östlich oder westlich der Demarkationslinie? Sollten sie Spanien oder Portugal zugeteilt werden? Wo trafen sich Ost und West eigentlich? Wo lag das Ende der Welt? Magellan glaubte, es zu wissen, und beschloss, sich die Gewürzinseln im Auftrag Spaniens zu unterwerfen.

Und zumindest in einer Sache hatte Kolumbus recht gehabt, dachte Magellan. Wenn man immerzu nach Westen segelte, musste man eigentlich bis nach Indien und zu den Molukken gelangen. Während seiner Ausbildung in Seefahrt und Navigation am portugiesischen Hof hatte Magellan geheime Karten gesehen, die vom berühmten Kartografen Martin Behaim gezeichnet worden waren. Diesen zufolge sollte es einen Durchgang, eine Meerenge, durch das große Land im Westen geben, also durch den amerikanischen Kontinent, den die Spanier und Portugiesen gerade entdeckt hatten und nun auskundschafteten. Es war sogar ein Breitengrad für diesen Durchgang angegeben, auch wenn es eine fragwürdige Angabe war. Wenn sie diese Meerenge fanden, musste sich ihnen eigentlich ein Seeweg nach Westen zu den wertvollen Molukken auftun. Diese würden dann, so der Gedanke, an Spanien fallen, was nicht nur Magellan und sein neues Heimatland über die Maßen reich machen würde, sondern auch ein gehöriger Denkzettel für ebenjenes Portugal wäre, das ihn auf so erniedrigende Weise verstoßen hatte.

Magellan schmiedete also Pläne und knüpfte Kontakte, und Anfang 1518 gelang es ihm schließlich, eine Audienz am spanischen Hof zu erhalten. Er erzählte dem spanischen König Carlos I., der im darauffolgenden Jahr zum Kaiser des Heiligen Römischen Reiches Deutscher Nation gekrönt werden und den Namen Karl V. erhalten sollte, von den Reichtümern der Molukken. Er erläuterte seine Idee, nach Westen zu segeln, um den geheimen Durchgang durch den amerikanischen Kontinent zu finden, und als er fertig war und die ungeteilte Aufmerksamkeit der königlichen Delegierten hatte, spielte er seine Trumpfkarte aus, mit der er den Hof schließlich davon überzeugte, dass er und kein anderer am besten für diese Reise gerüstet war: Enrique, sein Sklave, der junge Mann, der von genau diesem Meer kam und aussah wie die Menschen dort und auch ihre Sprache sprach.

Am 22. März 1518 unterschrieb der König den Vertrag, der die Reise besiegelte: »Ihr sollt mit gutem Glück den Ozean befahren und innerhalb unserer Demarkation auf Entdeckungen ausgehen.« Im Vertrag sicherte der König zu, fünf ausgerüstete Schiffe samt »Lebensmitteln und Geschützen ausgerüstet für 2 Jahre« zur Verfügung zu stellen.

Innerhalb des darauffolgenden Jahres wurde für die Flotte Proviant beschafft, eine Besatzung rekrutiert, Waffen und Rüstungen angefertigt. Und als letzte Vorbereitung diktierte Magellan sein persönliches Testament. Er versprach drei Klöstern, einer Kapelle in Sevilla, verschiedenen Krankenhäusern, den Armen, dem heiligen Kreuzzug sowie seiner Frau und seinen Kindern einen bestimmten Teil seines zukünftigen Reichtums. Und er legte fest, wie er sich seinen etwaigen Tod und seinen Nachruf vorstellte: »Wenn dies mein gegenwärtiges Leben enden und das ewige beginnen sollte«, dann würde er »am liebsten in Sevilla im Kloster von Santa Maria de la Victoria in einem eigenen Grabe bestattet werden«. Darüber hinaus gab er Anweisungen, was mit seinen sterblichen Überresten geschehen sollte, wenn er allzu weit von Sevilla entfernt starb: Dann möge man seine Leiche in der nächsten Kirche, die der Mutter Gottes gewidmet sei, zur letzten Ruhe betten. Und als letztes Detail legte er in seinem Testament fest, was mit seinem Sklaven geschehen sollte. Enrique sollte nach seinem Tod ein freier Mann werden. Er sollte nicht länger das Eigentum von jemandem sein und darüber hinaus einen Geldbetrag erhalten.

Nach einer letzten Messe und einem letzten Abendmahl in Santa Maria de la Victoria standen sie also zusammen auf dem Kai in Sevilla. Ferdinand Magellan und Enrique von Malakka. Es war der 10. August 1519, und nachdem Magellan sich von seiner Frau verabschiedet hatte, die in den Armen ihren erstgeborenen Sohn und in ihrem Körper ein noch ungeborenes Kind trug, brauchten sie nur noch den Anker zu lichten und sich auf den Weg zu machen.

~ ~ ~

Was wir über Magellans Reise wissen, ist größtenteils nicht von ihm selbst überliefert worden. Nichts von dem, was er erlebt hat, hat er selbst aufgeschrieben oder bewahrt. Aber an seiner Seite war ja außer Enrique auch der Italiener Antonio Pigafetta, der stets mit Stift und Notizbuch bereitstand. Seine Erzählung, sein Tagebuch, das er während der Reise führte, bildet die ursprüngliche Quelle für alle Informationen rund um die erste Weltumseglung. Eine Erzählung, die sowohl konkret und alltagsrealistisch ist als auch Spuren des Märchenhaften aufweist. Es ist eine Erzählung, die laut Gabriel García Márquez' Dankesrede anlässlich seines Literaturnobelpreises von 1982 »bereits die Keime unserer heutigen Romane enthält«.

Durch Antonio Pigafetta können wir dabei sein, als Magellans Flotte am 10. August 1519 Sevilla verlässt. Dank ihm können wir es vor uns sehen.

Es waren fünf Schiffe, die San Antonio, die Victoria, die Concepción, die Santiago und das Flaggschiff Trinidad, auf dem Magellan selbst, Enrique und Pigafetta mitfuhren. Die San Antonio war das größte, die Santiago das kleinste Schiff. Alle waren mit den verschiedensten lebensnotwendigen Gütern beladen. Werkzeug, Fanggeräte und kilometerweise Seil, 173 Segeltücher, 58 Kanonen und 50 Tonnen Schießpulver, 100 Rüstungen mit Helmen und Brustharnischen, 200 Rundschilde, 1000 Lanzen und 200 Speere, Hunderte von Messern, 1 Mörser mit Stößel für die Herstellung von Arzneimitteln, 13 Anker, 89 Laternen, 1 voll ausgerüstete Schmiede, 5 Trommeln und 20 Tamburine, Seekarten, Landkarten, Quadranten, 1 Globus, 12 Sanduhren und 6 Kompasse mit zusätzlichen Magnetnadeln, 2 ganze Backöfen, massenhaft Zwieback, Bohnen, Kichererbsen und Linsen, 508 Weinfässer, getrockneter Kabeljau und Brachse, 200 Fässer Sardellen, Zwiebeln und Knoblauch, Rosinen, Feigen und Senf, 7 Kühe und 3 Schweine.

Die Besatzung bestand aus insgesamt zweihundertsiebenundfünfzig Mann, Spaniern, Portugiesen und einer Handvoll Italienern. Am ersten Tag segelten sie von Sevilla gemächlich den Fluss Guadalquivir hinunter, bis sie in Sanlúcar de Barrameda das Meer erreichten. Dort lagen sie über einen Monat im Hafen, um die letzten Details zu planen, bevor sie am Dienstag, dem 20. September 1519, die Segel hissten und sich, mit Magellan und seiner Trinidad an der Spitze, aufs offene Meer begaben.

Knapp zwei Wochen lang segelten sie nach Südwesten, bis sie die Kanarischen Inseln erreichten. Sie ankerten und gingen auf Teneriffa an Land, wo sich weitere Männer der Expedition anschlossen, sodass die Gesamtzahl auf den fünf Schiffen über zweihundertsiebzig betrug.

Was wussten sie eigentlich über die Reise, auf die sie sich begaben? Magellan hüllte sich darüber in Schweigen. Er etablierte ein System, nach dem die gesamte Expedition navigieren konnte, ohne dass die Kapitäne auf den anderen vier Schiffen ihre Kompasse oder Seekarten zu benutzen brauchten. Das Flaggschiff Trinidad sollte demnach immer vorausfahren, am Heck eine große brennende Fackel, der die anderen auch bei Nacht folgen konnten. Mithilfe von Laternen und einem eigens ausgedachten Codesystem wollte Magellan Anweisungen geben, wie die anderen Schiffe ihre Segel zu setzen hatten, ob sie das Tempo beschleunigen, verlangsamen oder die Richtung ändern sollten, und sie auch darüber informieren, wenn er Land sah. Und jeden Abend sollten die vier Schiffe neben die Trinidad gesteuert werden, den Oberbefehlshaber nach einem vorgegebenen Ritual grüßen und Bericht erstatten.

Paradoxerweise war es vielleicht ausgerechnet Enrique, der am besten verstand, wie Magellan dachte. Als persönlicher Sklave des Befehlshabers und Schiffsjunge war er immer in seiner Nähe. Er war da, als sie vor Kap Verde in einen schweren Sturm gerieten und Magellan befahl, die Segel zu reffen, was zur Folge hatte, dass sie anschließend tagelang ziellos herumtrieben. Er war dabei, wenn abends die anderen Schiffe an die Seite der Trinidad glitten und den Kapitänen ihre Begrüßung an den Oberbefehlshaber abgenötigt wurde. Er bekam mit, wie in der Besatzung gemurrt wurde. Er bemerkte, wie Magellan nach Kap Verde befahl, weiterhin nach Süden zu segeln, obwohl die meisten Mitglieder der Besatzung überzeugt waren, sie sollten mit dem Wind westwärts nach Amerika segeln.

Vierzehn Tage lagen die Schiffe wegen Magellans misslungener Navigation vollkommen still vor der Küste Afrikas und schaukelten in den Wellen. Zwei lange Wochen verloren sie durch seinen Fehler, und Enrique wusste vermutlich, was Antonio Pigafetta in seinen Aufzeichnungen bereits über Magellan festgehalten hatte: »Da hassten ihn seine Kapitäne, die er in seiner Gesellschaft mitführte, sehr.«

Enrique befand sich auch an jenem Abend an Deck der Trinidad, als das größte Schiff, die San Antonio, neben sie glitt, Kapitän Juan de Cartagena all seinen Mut zusammennahm und seinen Befehlshaber wegen dessen eigenartiger Entscheidung zur Rede stellte. Er sah, wie Magellans Blick sich verfinsterte. Das kannte er schon von früher. Noch am selben Abend unterschrieb Magellan die Order, Cartagena zur Strafe den Befehl über die San Antonio zu entziehen.

Enrique war auch dabei, als die Expedition, vier Monate nachdem sie Sevilla verlassen hatte, endlich die brasilianische Küste erreichte und in die Bucht von Río de Janeiro einlief. Er sah grünes, üppiges Land, schön und einladend. Land, das dem Vertrag von Tordesillas zufolge eigentlich Portugal gehörte – so weit nach Osten erstreckte es sich auf dem südamerikanischen Kontinent –, aber die Portugiesen hatten es noch nicht geschafft, eine Festung zu errichten, deshalb beschloss Magellan, dennoch an Land zu gehen. Enrique begleitete ihn in einem kleinen Boot an den Strand und sah, wie die Menschen ihnen mit Essen und Geschenken entgegenkamen. Er war dabei, als sie aßen und ihre Vorräte auffüllten. Man bot ihnen Tapirfleisch, Süßkartoffeln und Ananas an, »wahrlich die herrlichste Frucht, die es gibt«, schrieb Pigafetta. Und sie staunten über bunte Papageien und schöne Affen, die Mähnen wie Löwen hatten.

Am Abend saß Enrique bei Antonio Pigafetta und der übrigen Besatzung und hörte zu, als sie sich gegenseitig mit Geschichten übertrumpften, wie sie die Lokalbevölkerung um Essen und Waren betrogen hatten. Jemand hatte für einen Kamm zwei große Gänse bekommen, ein kleiner Spiegel hatte zehn bunte Papageien eingebracht, und für eine einzelne Schere hatte ein anderer genug Fisch für zehn Männer bekommen. Das ist noch gar nichts, sagte ein anderer und zeigte sechs fette, stattliche Hühner vor, die er für eine einzige schmutzige und zerrissene Spielkarte bekommen hatte. Später in der Nacht kehrten weitere Männer grölend mit dem größten Fang des Tages zur Trinidad zurück, Pigafetta beschrieb ihn mit staunender Begeisterung. Für ein einziges Messer hatten die Männer drei junge, vollkommen nackte Frauen gekauft.

Nach dreizehn Tagen in der idyllischen Bucht hielt Magellan eine Messe für die Lokalbevölkerung ab, anschließend lichtete die Expedition den Anker und segelte weiter in südlicher Richtung die Küste entlang. Sorgfältig erkundeten sie jede Bucht und Flussmündung, um den geheimen Durchgang zu finden, und es war bereits ein neues Jahr, ein neues Jahrzehnt angebrochen, als sie am 10. Januar 1520 in der Ferne eine Anhöhe entdeckten, die sie in ein Flussdelta führte. Sie nannten die Anhöhe Montevideo und steuerten in das Delta an der Mündung des Río de la Plata. Als sie sich näherten, stand ein Mann am Strand. Ein großer und kräftiger Mann. Ein Riese, meinte Pigafetta, und Magellan befahl sofort einhundert Männern in Rüstungen an Land zu rudern, den Mann in Ketten zu legen und nach weiteren Riesen zu suchen. Er wollte sie als kuriose Souvenirs mit nach Sevilla nehmen.

Zwar fanden sie für den Moment keine weiteren Personen als den Mann am Strand, dennoch war Magellan voller Hoffnung, dass dies tatsächlich der Ort war, den sie suchten. Vielleicht war das breite Wasser, das sich nach Westen erstreckte, tatsächlich die Meerenge, die sie auf die andere Seite, zum anderen Meer führte. Er schickte seine Schiffe aus, doch nach mehreren Tagen mussten sie einsehen, dass sie sich getäuscht hatten. Es war keine Meerenge und kein Durchgang. Es war nur ein weiterer Fluss, der in das Meer mündete, auf dem sie sich bereits befanden. Also machten sie sich erneut auf den Weg und nahmen den Riesen mit.

Sie segelten weiter nach Süden, das heißt Richtung Winter. Mit jedem Kilometer wurde es kälter, und Mitte Februar zog ein gewaltiger Sturm auf und zerrte mit eisigen Winden und Hagel an den Segeln. Fast zwei Monate waren nun vergangen, seit sie die Bucht von Río de Janeiro verlassen hatten, und die Vorräte neigten sich dem Ende zu. Die Männer froren und hungerten, und es sollte noch fast einen ganzen Monat dauern, bevor sie San Julián im südlichen Argentinien erreichten, wo Magellan beschloss, mit der Expedition zu überwintern. Mehrere Monate lang lagen sie dort vor Anker, ohne einen einzigen Menschen zu sehen. Wieder wurde in der Besatzung gemurrt, jetzt jedoch in immer verzweifelterem Ton. Würden sie diese Reise überhaupt überleben? Was glaubte Magellan eigentlich, hier finden zu können? War er schlicht und einfach verrückt geworden?

Am Morgen des 2. April 1520, immer noch in San Julián vor Anker liegend, glitt ein kleines Boot neben die Trinidad. Es war eine Gruppe Männer von der San Antonio. Sie überbrachten die Botschaft, dass die Kapitäne von drei der Schiffe, zusammen mit dem früheren Kapitän der San Antonio, Juan de Cartagena, Magellans Befehle nicht länger anerkennen wollten. Zumindest nicht ohne bestimmte Veränderungen. Sie wollten an der Planung der Route beteiligt werden. Sie wollten wissen, auf welcher Grundlage Magellan seine Entscheidungen fällte. Sie wollten wenigstens über die Möglichkeit diskutieren, diese irrsinnige Reise abzubrechen.

Wieder einmal sah Enrique, wie Magellans Blick sich verfinsterte. Er hörte ihn Flüche und Befehle murmeln. Dann schickte Magellan mehrere Männer zur Victoria, wo sie den Kapitän niederstachen und ohne Weiteres wieder den Befehl übernahmen. Genauso schnell und einfach wurde auch der Aufstand auf der Concepción und der San Antonio niedergeschlagen. Die Unruhestifter wurden gefangen genommen, und Enrique war dabei, als die beiden Anführer der Meuterei auf das Deck der Trinidad geführt wurden. Er hörte, wie Juan de Cartagena verbannt wurde, sah, wie er in Fesseln an Land gebracht und dort an einem eisigen und verlassenen Strand seinem Schicksal überlassen wurde. Er hörte, wie Magellan den Initiator der Meuterei, Gaspar de Quesada, zum Tode verurteilte, und sah, wie dieser zum Pranger gebracht wurde. Er sah das Schwert im Mondschein aufblitzen und hörte den Aufprall, als der Kopf blutig auf das Holzdeck fiel. Er schaute erst weg, als der Henker mit Axt und Messer den zweiten Teil der Strafe durchführte, die sogenannte Vierteilung: Quesadas Leiche wurde in vier Teile zerteilt, von denen jeder für sich auf einen hohen Pfahl gespießt wurde. Als die Nacht hereinbrach, ragten die Pfähle mit den Überresten des Herausforderers als symbolisches Opfer und absolut weltliche Warnung auf Magellans Flaggschiff in den Himmel.

Fünf Monate überwinterten sie in San Julián. Was sah Enrique in dieser Zeit noch? Er, der bereits als Junge als Sklave gekauft worden und seitdem ein Besitztum gewesen war. Der von seinem Herrn getauft worden war und sowohl Portugiesisch als auch Spanisch gelernt hatte und sich nun mit ihm auf Eroberungsreise befand. Was lernte er über den Platz des Menschen in dieser Ordnung, die er selbst mitverteidigen musste?

Er stand an der Reling der Trinidad, als plötzlich vier Männer am Strand auftauchten. Sie waren groß und kräftig. Noch mehr

Riesen, sagte Antonio Pigafetta lachend und schrieb in sein Notizbuch, dass sie bestimmt drei Meter groß wären. Zwei der Männer wurden an Bord geholt, und Enrique sah zu, wie Magellan sich damit amüsierte, ihnen kleine Uhren und Spiegel zu zeigen. Sie glauben, wir wären Götter, sagte Magellan, als einer der Männer gestikulierte und zum Himmel zeigte, um sich verständlich zu machen.

Alle lachten, als der zweite Mann erschrocken vor seinem Spiegelbild zurückwich. Enrique sah, wie zwei Paar Fußfesseln geholt wurden, und wusste sofort, was passieren würde. Er sah mit an, wie die Fesseln wie Geschenke zu den Männern getragen wurden und Magellan mit Gesten zu erklären versuchte, dass es viel einfacher wäre, die Geschenke zu tragen, wenn sie an die Füße angelegt wären. Enrique beobachtete, wie die Falle zuschnappte und Magellan zufrieden die angeketteten Männer zusammen mit ein paar Männern von der Besatzung an Land schickte, damit die Gefangenen sie zu den Frauen führten. Stundenlang wartete er mit Magellan und Pigafetta an der Reling vergeblich auf ihre Rückkehr. Alles war schiefgegangen, sie waren in einen Hinterhalt geraten, hatten keine Frauen bei sich, und darüber hinaus war einer der ihren von einem vergifteten Pfeil getötet worden. Wieder sah Enrique, wie Magellans Blick sich verfinsterte, und hörte, wie er dem widerspenstigen Riesen mit einem Schnauben den Namen *Patagonier* gab.

Kurz darauf zog ein schwerer Sturm auf, und es kam die Nachricht, dass ein Schiff der Flotte, die Santiago, gesunken sei. Enrique war Zeuge, als Antonio Pigafetta notierte, dass die gesamte Besatzung wie durch ein Wunder überlebt hatte, wusste jedoch, dass das nicht stimmte. Er wusste, dass ein Sklave des Kapitäns João Serrão ertrunken war. Und begriff, dass dies kein Verlust war, der bei einer solchen Zählung berücksichtigt wurde.

Im August segelte die Expedition schließlich weiter. Zwei Monate lang steuerte sie nach Süden, bevor die Schiffe am 21. Oktober 1520, nach mehr als einem Jahr auf See, eine hohe Klippe umrundeten und in eine große Bucht gelangten. Magellan schickte die San Antonio und die Concepción voraus, um die Meerenge zu erkunden, während die Trinidad und die Victoria an der Einmündung warteten. Dies nutzten die kurz zuvor unterworfenen Aufständischen auf der San Antonio dazu, ihren Befehlshaber zu verlassen. Verbittert über ihre Behandlung, müde, hungrig und von stürmischen Winden und der Winterkälte zermürbt, entwischten sie aus der Meerenge, richteten den Bug gen Atlantik und begaben sich auf den Rückweg nach Spanien. So verlor Magellan nach der Santiago nun auch noch das größte seiner Schiffe.

Die drei verbliebenen tasteten sich etwa einen Monat lang durch die Meerenge voran. Zu beiden Seiten lag eine karge und unwegsame Landschaft. Schneebedeckte Bergspitzen und steinige Felsplatten, grau und kahl, wo kein Baum oder Strauch wuchs. Das Wasser unter ihnen war tief und dunkel, und wenn sie ihre Anker auswarfen, erreichten diese nicht einmal den Grund. Nicht ein einziges Lebewesen zeigte sich, nachts jedoch sahen sie in der Dunkelheit Feuerschein und beschlossen, diesen Ort Tierra del Fuego zu nennen, Feuerland. Als Magellan einige Männer an Land schickte, um das Terrain zu erkunden, fanden sie weder Menschen noch Häuser, dafür aber einen toten Wal, der an einen steinigen Strand gespült worden war.

Ein Sturm zog auf, während sie ihren Weg fortsetzten, schäumende Wellen brachen über das Deck herein, und die Besatzung wurde immer verzweifelter. Vielleicht war es in Wirklichkeit nur eine Sackgasse, eine weitere tiefe Bucht oder ein großer Fluss, der sie nirgendwo hinführen würde. Magellan jedoch gab den Befehl, immer weiter landeinwärts zu fahren, als wäre die Alternative gleichbedeutend mit der Anerkennung seines Scheiterns.

Dann, eines Tages im Morgengrauen, sahen sie in der Ferne die Mündung. Hier war er also endlich, der Durchgang, von dem Magellan geträumt hatte, den er einst auf einer geheimen Karte in Portugal zu Gesicht bekommen hatte und dessen Existenz die Voraussetzung für ihre Reise zu den Gewürzinseln bildete. Die Passage, die später als Magellanstraße bezeichnet werden sollte.

Als die verbliebenen drei Schiffe am 28. November 1520, mehr als vierzehn Monate nach ihrem Aufbruch in Sevilla, auf der anderen Seite der Meerenge herauskamen, erstreckte sich das offene Meer im Westen immer noch bis zum Horizont. Und Magellan schaute auf dieses scheinbar unendliche Meer, das in jenem Moment vollkommen still und glänzend dalag, und gab ihm den Namen Mare Pacifico, Pazifik. Der Stille Ozean.

Was dachten sie damals wohl über dieses große und weit offene Meer? Wie sicher waren sie sich, dass sie auf der anderen Seite genau das erwartete, weswegen sie aufgebrochen waren? Die Gewürzinseln, das warme und reiche Morgenland. Sie wussten natürlich, dass die Erde rund war und sie den Gesetzen der Geografie zufolge früher oder später ihr Ziel erreichen mussten. Gleichzeitig war es jedoch vollkommen abstrakt. Kein Europäer hatte dieses Gewässer je durchquert, niemand wusste, welche Landmassen man auf der Überfahrt finden würde, dieser gesamte Ozean war bis jetzt ein Produkt der Fantasie gewesen, etwas, das man nur durch seine Vorstellungskraft fassen konnte.

Der Vertrag von Tordesillas, der die Erde 1494 zwischen Spanien und Portugal aufgeteilt hatte, hatte eine scheinbare Ordnung in der Welt geschaffen. Eine östliche und eine westliche Sphäre, deutlich abgegrenzt voneinander. Gleichzeitig handelte es sich jedoch um eine zweidimensionale Ordnung, und in einer solchen brauchen die Extreme nie miteinander konfrontiert zu werden. Osten kann einfach Osten und Westen Westen bleiben, und die beiden brauchen nie aufeinanderzutreffen. Als Magellan über das offene Meer Richtung Westen aufbrach, um sein Ziel im Osten zu erreichen, war es deshalb nicht nur eine Reise in das für sie Unbekannte. Die Welt bekam dadurch auch noch eine weitere Dimension.

~~~

Magellan hatte angenommen, die Durchquerung des neu entdeckten Meeres würde höchstens eine Woche dauern. Was natürlich eine grobe Fehleinschätzung war. Obwohl das Wetter vergleichsweise gut war, sollte es mehr als dreieinhalb Monate dauern, bis sie wieder Land erreichten. Mit der Flucht der San Antonio hatten sich ihre Vorräte drastisch reduziert, und Hunger und Elend waren bald überwältigend. Alles, was sie hatten, war alter Zwieback, zu einem trockenen Pulver zerbröselt, voller Maden und nach Rattenurin stinkend. In ihrer Verzweiflung streckten sie das Pulver mit Sägespänen, um den Hunger wenigstens ein bisschen zu mildern. Sie tranken sauer und gelb gewordenes Wasser, und als es gar nichts anderes mehr gab, fielen sie über die Ochsenlederriemen her, die an Deck gelegen hatten und von der Sonne steif geworden waren. Damit sie essbar wurden, legte man sie drei oder vier Tage in Salzwasser ein, bevor sie über glühenden Kohlen gegrillt wurden.

Natürlich stand ihnen ab und zu noch ein weiterer Rohstoff zur Verfügung, und dieser war so begehrt, dass er in der Mannschaft teuer gehandelt wurde. »Von den Ratten«, schrieb Antonio Pigafetta, »konnte ein Teil von uns nicht genug bekommen.«

Auch Enrique war einer derjenigen, die hungerten. Er war
~~~

einer derjenigen, die einhundert Tage des Hungers und der Entbehrung durchlitten, in allen Richtungen von nichts als Meer umgeben, die spürten, wie ihr Zahnfleisch anschwoll und blutete, wie der Schwindel überhandnahm, und die neunzehn Männer auf der Überfahrt sterben sahen. Wozu? Zu welchem Sinn und Zweck? Für Reichtum und Macht? Das mochte vielleicht für die europäischen Entdecker gelten. Aber für Enrique? Vielleicht hoffte er einfach nur, nach Hause zurückkehren zu können.

Am Ende stand Enrique jedenfalls da, benommen und schwach über der Reling der Trinidad hängend, als sie am 6. März 1521 am Horizont eine Inselgruppe sichteten. Er sah Menschen, die ihnen in kleinen Booten entgegenkamen. Er sah, wie ein paar von ihnen heimlich das Seil eines ihrer Beiboote durchschnitten und damit verschwanden. Und er sah, wie sich Magellans Blick daraufhin wieder einmal verfinsterte, wie er vierzig seiner Männer befahl, Rüstungen anzulegen und an Land zu gehen, während er selbst an Deck blieb und zusah, wie sie landeten, ihre Schwerter aus Stahl gegen die unbewaffneten Inselbewohner erhoben und jeden erschlugen, der in ihre Nähe kam, wie sie anschließend die Hütten im Dorf in Brand steckten. Und er hörte, wie Magellan der Inselgruppe an der Reling stehend den Namen gab, den sie für Jahrhunderte behalten sollte: Ladronen, Inseln der Diebe.

Zehn Tage später, an einem Samstagabend, erblickten sie vom Deck der Trinidad aus Samar, die erste Insel im östlichen Teil der heutigen Philippinen. Sie befanden sich am westlichen Rand des Pazifiks, ungefähr auf demselben Längengrad wie die Molukken, die ersehnten Gewürzinseln, das Ziel ihrer Reise, wenn auch ein gutes Stück nördlich von ihnen. Im Zickzack manövrierten sie zwischen den Philippinen hindurch, gingen auf einigen der Inseln an Land und lernten die Lokalbevölkerung kennen. Sie tauschten Essen ein, lernten die Kokosnuss kennen und ließen sich zeigen, was man alles aus ihr machen konnte. Auf einer der Inseln lud Magellan ein paar Inselbewohner an Bord ein und ließ die Kanonen Salut schießen. Er packte Zimt, Pfeffer, Muskat und Gewürznelken aus, und die Inselbewohner bestätigten ihm, dass es all dies auf den Inseln weiter südlich, zu denen er unterwegs war, im Überfluss gebe.

Zwanzig Monate waren sie über das offene Meer gesegelt, und Enriques Rolle war es gewesen, Magellan zu bedienen und sich im Übrigen heraus- und am Leben zu halten. Doch nun sollte er eine andere und bedeutendere Rolle bekommen. Als sie am 7. April 1521 in den Hafen der philippinischen Insel Cebu einliefen, rief Magellan nicht nach Soldaten in Rüstungen. Er rief nach Enrique.

Sie hatten gehört, dass es auf Cebu einen großen Hafen geben sollte, in dem viel Handel getrieben wurde, und sie sahen eine Menge vertäuter Schiffe mit Waren von weit und fern. Hier gab es eine Stadt, hier gab es lebendigen menschlichen Austausch, Reichtum und Schönheit, einen großen königlichen, goldgeschmückten Palast. Einen Ort, den Magellan zu seinem machen konnte.

Und diese Eroberung sollte durch Enrique und seine Muttersprache sichergestellt werden. Auf einmal war Enrique, die Trumpfkarte, die Magellan bei der Audienz vor dem spanischen Königshaus vor mehr als zwei Jahren ausgespielt hatte, nicht in erster Linie Sklave oder Schiffsjunge, sondern Dolmetscher.

Der König von Cebu war ein reicher und mächtiger Mann, und als Magellan und Enrique den Palast betraten, saß er auf einem mit Perlen und Schmuck verzierten Teppich, aß Schildkröteneier aus einer Porzellanschale und hatte ganze vier Karaffen Wein vor sich stehen. Er begrüßte Magellan wie eine königliche Hoheit. Sie tauschten Waren und aßen zusammen zu

Abend, und nach einiger Zeit, als Magellan mit Enriques Hilfe sein Anliegen erklärt und vom spanischen Reich und der katholischen Kirche, denen er diente, erzählt hatte, stimmte der König von Cebu zu, sich und sein ganzes Volk taufen zu lassen. Ein Holzkreuz wurde auf einem Hügel oberhalb der Stadt errichtet, und mit einer großen Zeremonie auf dem Markplatz wurden zuerst der König und dann über achthundert seiner Untertanen getauft, ebenso wie eine Menge von den Nachbarinseln angereiste Menschen. Magellan gab dem König den Namen Don Carlos.

Vielleicht fühlte er sich endlich erfolgreich, vielleicht mächtig, vielleicht großmütig. Als ein Mann von der kleinen Nachbarinsel Mactan ein paar Tage später zu Magellan kam, um ihn um Hilfe zu bitten, war er jedenfalls nicht schwer zu überreden. Der Mann hatte zwei Ziegen als Geschenk mitgebracht und erklärte, das Oberhaupt seiner Insel, ein Mann namens Lapu-Lapu, lehne sich gegen die neuen Herrscher auf. Dieser Lapu-Lapu weigere sich, die spanische Herrschaft anzuerkennen, und wolle sich selbst und sein Volk nicht dem christlichen Gott unterwerfen. Ob Magellan nicht vielleicht helfen könne, ihn umzustimmen?

Magellan diktierte einen Brief, in dem er verlangte, dass Lapu-Lapu drei Ziegen, drei Schweine, drei Säcke Reis und Hirse schicken und sich im Übrigen der neuen spanischen Obrigkeit unterwerfen solle. Wenn er nicht gehorche, würde die ganze Insel niedergebrannt werden. Lapu-Lapu weigerte sich, auch nur zu verhandeln, und noch in derselben Nacht versammelte Magellan sechzig seiner Männer, ließ sie mit Rüstungen, Schilden und Waffen ausstatten und machte sich mit ihnen auf den Weg über die schmale Meerenge nach Mactan. An seiner Seite hatte er Enrique, jetzt in eine schwere Rüstung gekleidet und mit einem großen Schwert in den Händen. Auch Antonio Pigafetta war dabei, und durch ihn wissen wir, was anschließend geschah.

Etwa fünfzig kampfbereite Männer stiegen im Morgengrauen ins Wasser und wateten an den Strand von Mactan. Magellan selbst ging voran. Kaum an Land, trafen sie auf mehr als fünfzehnhundert mit Bögen, Messern und Bambusspeeren bewaffnete Krieger. Der darauf folgende Kampf dauerte mehrere Stunden, und eine Weile gelang es Magellan und seinen Männern, standzuhalten, ihre Waffengewalt war ja im Grunde viel größer, aber nach und nach zeigte sich doch, dass die größere Anzahl des Feindes der entscheidende Faktor war.

Enrique wich auch am Strand nicht von Magellans Seite. Wie alle anderen schlug er mit seinem schweren Schwert zu und versuchte auszublenden, dass ihnen immer mehr Krieger entgegenkamen und der Kampf immer ungleicher wurde. Er hörte, wie Magellan einem Teil seiner Männer verzweifelt befahl, sich auf den Weg zu machen und das Dorf weiter oben am Strand anzugreifen. Steckt ihre Häuser in Brand, schrie Magellan. Brennt alles nieder!

Als er jedoch von einem Pfeil ins Bein getroffen wurde, musste er den Rückzug befehlen. In Panik rannten die, die noch dazu in der Lage waren, zu den Booten, Magellan selbst aber blieb zurück. Von Weitem mussten seine Männer zusehen, wie er am Strand umzingelt wurde. Ein Speer traf ihn am Arm, ein großes Messer durchbohrte sein linkes Bein, und als er zu Boden fiel, wurde er von Hunderten Männern überfallen, die ihn buchstäblich in Stücke rissen.

Es war der 27. April 1521, ein Samstag, und Ferdinand Magellan war vierzig Jahre alt. Er hatte mehr von der Welt gesehen als die meisten in ihrem ganzen Leben. Er war über zwanzig Monate unterwegs gewesen und hatte die schlimmsten Stürme, Hunger und Leid durchlebt. Er hatte sich auf das offene Meer hinausbegeben, mehr als die halbe Erdkugel umsegelt und war seinem

Ziel so nahe gekommen, dass er es schon fast riechen konnte. Und doch endete seine Reise hier.

~~~

Enrique war verletzt und blutete, als sie in ihren kleinen Booten panisch über die Meerenge zurückruderten. Zum ersten Mal seit einem Jahrzehnt war er frei.

Vielleicht war es das, woran er dachte, als er später in eine dicke Decke gewickelt auf dem Boden der Trinidad lag. Er war verwundet, aber frei. Denn so stand es schließlich in Magellans Testament: »Von meinem Todestage an mein Gefangener und Sklave Enrique, geboren in der Stadt Malacca und etwa sechsundzwanzig Jahre alt, frei von jeder Verpflichtung der Sklaverei oder Unterwürfigkeit sei und er dann tun und lassen möge nach seinem Belieben«. Er würde sogar etwas Geld bekommen. Vielleicht träumte er davon, was er mit seiner Freiheit anfangen würde.

Falls es so war, wurde er von einem brutalen Tritt in die Seite geweckt. Duarte Barbosa stand neben ihm, er war gerade zum Befehlshaber gewählt worden und schrie Enrique an, dass er, falls er dort liegen und von seiner Freiheit fantasieren sollte, sofort damit aufhören könne. Er, Barbosa, würde dafür sorgen, dass der Sklave Enrique seinen Herren weiter diente, und wenn sie zurück in Sevilla wären, würde er ihn persönlich an Magellans Witwe übergeben, als das Eigentum, das er war. Und wenn er jetzt nicht sofort aufstehen und arbeiten würde, würde er die Peitsche holen.

Vielleicht verfinsterte sich in diesem Moment auch Enriques Blick, dennoch stand er auf, beugte den Nacken und fragte, wie er Barbosa dienen könne.
~~~

Abermals saß Enrique in einem kleinen Boot, auf dem Weg zur Insel Cebu, wo er dem König, den sie Don Carlos nannten, mitteilen sollte, dass die Flotte aufbrechen würde. Vielleicht dachte er daran, dass nun alles verloren wäre, dass anscheinend alle, die sich auf diese Reise begeben hatten, zum Untergang verdammt waren. Und dass auf diesem Meer keine Gesetze oder Versprechen mehr zu gelten schienen.

Vielleicht dachte er auch daran, dass sich alles, wovon Magellan gesprochen hatte, die paradiesischen Molukken, die geplanten Eroberungen und Reichtümer, die ersehnte Rache an den Portugiesen, mehr und mehr als naive Träumereien herausgestellt hatte.

Was er vielleicht ahnte, zu diesem Zeitpunkt aber natürlich noch nicht wissen konnte, war allerdings auch, dass Magellans Pläne von vorneherein zum Scheitern verurteilt gewesen waren. Die Portugiesen hatten längst damit begonnen, auf den Molukken eine Festung zu errichten. Die Gewürzinseln würden niemals zu Spanien gehören. Magellan selbst war auf jämmerliche Art und Weise an einem Strand auf den Philippinen gestorben, und selbst die Großtat, die seinen Namen tragen würde, die Weltumseglung, war in praktischer wie politischer Hinsicht ein Misserfolg. Magellan war ein Verlierer. Und Enrique selbst war etwas noch Niedrigeres: der Sklave eines Verlierers.

Als Enrique auf Cebu an Land ging, tat er es jedenfalls als Sklave, der beschlossen hatte, wie ein freier Mensch zu handeln. Er ging zum Palast hinauf und erzählte dem König von Cebu die Wahrheit. Diesen Europäern könne man nicht trauen. Ihre Gier kenne keine Grenzen. Wenn der König jedoch richtig handele, könne er sich von ihnen befreien und dabei auch noch reich werden.

Enrique verriet sie also. Er verriet Spanien, die Flotte und alle

Männer, mit denen er beinahe zwei Jahre auf dem offenen Meer verbracht hatte. Irgendwie gelang es ihm, den König, der sich jetzt nicht länger Don Carlos nannte, dazu zu überreden, die Spanier zu überfallen und ihre Schiffe und Waren zu erbeuten. Und damit verschwand Enrique von Malakka aus der Geschichte. Mit einer letzten aufrührerischen Handlung glitt er aus dem Sichtfeld der Geschichtsschreiber, wie die Schattengestalt, die er von Anfang an gewesen war.

~~~

Von seiner Insel aus schickte der König von Cebu also die Nachricht, dass er die Spanier zu einem Abschiedsbankett einladen wolle, und vierundzwanzig Männer – darunter die beiden nach Magellans Tod hochrangigsten Kapitäne sowie mehrere der geschicktesten Navigatoren – trafen auf der Insel ein und setzten sich zu einem üppigen Fest in einen schönen Palmenhain. Zunächst schöpfte niemand Verdacht, irgendwann aber wurde das Fest zu einem Überfall. Ohne Vorwarnung stürzten sich der König von Cebu und seine Männer auf ihre Gäste und erschlugen wahllos die, denen sie noch vor wenigen Wochen die Treue geschworen hatten. Draußen auf dem Meer hörte die auf den Schiffen verbliebene Besatzung den Tumult, sie sahen den letzten Überlebenden, den zweiten Kapitän João Serrão, verwundet und blutend an den Strand rennen und um Hilfe rufen. Voller Panik hisste die Besatzung die Segel und fuhr mit dem Wind davon, während das Holzkreuz auf dem Hügel über der Stadt zu Boden gerissen wurde. Als schnell schrumpfende Figur am Horizont kniete João Serrão am Strand, umzingelt von seinen Feinden.

Über zwanzig Mann hatten sie in dem plötzlich aufflammenden Chaos auf Cebu verloren. Als Antonio Pigafetta nachzählte,
~~~

kam er zu dem Schluss, dass jetzt noch einhundertacht von ursprünglich zweihundertsiebzig Männern übrig waren. Zu wenige, um alle Aufgaben zu erledigen, die nötig waren, um drei große Schiffe zu steuern. Also wurde beschlossen, das kleinste von ihnen aufzugeben. Auf dem offenen Meer brachten die Seefahrer alles von Wert auf die Trinidad und die Victoria und steckten die Concepción in Brand. So blieben von den fünf Schiffen, mit denen Magellan aufgebrochen war, nur noch zwei übrig.

Diese beiden Schiffe segelten nach Süden. Langsam und im Zickzack durchquerten sie die Inselwelt, hielten hier und da an, füllten Vorräte auf und machten sich mit der Bevölkerung bekannt. Im Juli erreichten sie Borneo, wo sie eine Zeit lang blieben. Sie besuchten den Sultan in Brunei und ritten auf Elefanten zum königlichen Palast. Sie segelten weiter, liefen auf Grund, gerieten in Gefechte, verirrten sich, bekamen ein Leck, ihnen fehlte Essen, ihnen fehlte Wasser. Es schien eine Irrfahrt zu sein, eine planlose Reise, aber schließlich erreichten sie im Spätherbst den Ort, der die ganze Zeit über das Ziel ihrer Reise gewesen war. Es hatte mehr als zwei Jahre gedauert, mehr als die Hälfte der Besatzung war durch Hunger, Krankheit oder Kämpfe gestorben. Magellan selbst lag tot auf einem Strand der Philippinen. Aber sie waren angekommen. Sie hatten die Molukken erreicht.

In der Dämmerung des 8. November 1521, einem Freitag, segelten sie in den Hafen der Insel Tidore, einer der Gewürzinseln. Sie schossen mit allen Kanonen Salut und wurden kurz darauf vom König empfangen, der versprach, so viele Gewürznelken herbeizuschaffen, wie die beiden Schiffe transportieren konnten.

Sie handelten. Alle Wertsachen, die sie aus Sevilla mitgebracht hatten, wurden gegen Gewürznelken getauscht. Stoffe und Kleidung, Werkzeuge und Waffen, Glas und Porzellan, Messer und Scheren. Alles wurde gegen Nelken getauscht, und bald waren beide Schiffe voll beladen. Mitte Dezember bereiteten sie den Aufbruch zu ihrer letzten Etappe vor: Über den Indischen Ozean und um das Kap der Guten Hoffnung, das Vasco da Gama knapp zwanzig Jahre zuvor passiert hatte, wollten sie die Westküste Afrikas entlang und wieder heim nach Spanien fahren.

Als sich herausstellte, dass das Flaggschiff Trinidad ein Leck hatte und nicht länger seetüchtig war, beschlossen sie, dass sich die Victoria unter Befehl des baskischen Kapitäns Juan Sebastián Elcano allein auf die Heimreise begeben sollte. Von den fünf Schiffen, die Sevilla verlassen hatten, war nun also nur noch eines übrig.

Als sie endlich in See stachen, war es bereits der 21. Dezember, und sie sollten neun Monate brauchen, um nach Hause zu kommen. Weitere Männer starben unterwegs, aber das Schiff schaffte es um das Kap der Guten Hoffnung und weiter entlang der Westküste Afrikas nach Kap Verde, wo die Besatzung an Land ging und etwas Erstaunliches entdeckte: Sie hatten einen Tag verloren. Laut ihren Logbüchern war es Mittwoch, der 9. Juli 1522. Dessen waren sie sich absolut sicher. Die Bewohner der Insel behaupteten jedoch felsenfest, es sei Donnerstag, der 10. Juli. Wie konnte ein Tag einfach verschwinden?

Von Kap Verde aus fuhren sie zwei Monate lang nach Norden und erlitten weitere Verluste. Als die Victoria schließlich leicht leckgeschlagen und nach Gewürznelken riechend am 8. September 1522 wieder in den Hafen von Sevilla einlief, hatte die Reise länger als drei Jahre gedauert, und von den ursprünglich mehr als zweihundertsiebzig Männern der Besatzung waren noch achtzehn übrig.

Sie waren die ersten Weltumsegler, und sie hatten alle einen Namen, auch wenn keiner von ihnen Ferdinand Magellan war. Sie waren die Ersten, die in eine Richtung aufgebrochen waren und die Weltmeere und alle Längengrade durchquert hatten, um dann aus entgegengesetzter Richtung wieder an den gleichen Punkt zurückzukehren.

Am Tag nach ihrer Heimkehr gingen die achtzehn Männer in die Kirche Santa Maria de la Victoria, wo Magellan seinem Testament nach begraben werden wollte. Barfuß und mit Kerzen in den Händen sprachen sie ein Gebet für den Mann, der sie mit auf das offene Meer genommen hatte, aber selbst nicht zurückgekommen war.

~ ~ ~

Ferdinand Magellan war also nicht der erste Mensch, der um die ganze Welt segelte. Die ersten Weltumsegler waren eher der baskische Kapitän Juan Sebastián Elcano, der italienische Reiseberichtsschreiber Antonio Pigafetta sowie die übrigen sechzehn überlebenden Seemänner. Ferdinand Magellan hat der Großtat ihren Namen gegeben, aber diese achtzehn vollendeten die Reise, und damit sind sie für immer Teil der Geschichte, wie der Mensch sich das Meer unterwarf.

Aber es gab da ja auch, wie so oft, diese Schattengestalten am Rand. In diesem Fall Enrique von Malakka. Wohin hatte es den eigentlich verschlagen?

Wir wissen nur, dass er noch auf Cebu war, als das Massaker im Palmenhain begann. Wir wissen, dass er dort war, als die spanischen Gäste wahllos erschlagen wurden und sich die Überlebenden auf den drei Schiffen zur Flucht entschieden. Und wir wissen sicher, dass er *nicht* an Deck der Trinidad war, als die Männer den Anker lichteten und dem zweiten Kapitän João Serrão, der blutend am Strand kniete, fragend zuriefen, wie es den anderen ergangen wäre, und Serrão antwortete, sie seien alle tot.

»Bis auf«, fügte Serrão hinzu, und Antonio Pigafetta zitiert ihn wörtlich, »den Dolmetscher.«

Enrique lebte also! Die Inselbewohner hatten ihn verschont. Er war am Leben, als Magellans Flotte in aller Eile Cebu verließ und sich auf ihre unsichere Flucht zu den Gewürzinseln begab.

Wohin ist er verschwunden? Vielleicht starb auch er trotz allem in dem gewaltsamen Tumult. Oder er blieb dort. Vielleicht gründete er eine Familie und lebte ein langes und glückliches Leben auf Cebu.

Es gibt allerdings auch noch eine andere Theorie, die zumindest einleuchtend erscheint. Vielleicht wollte Enrique von Malakka nach Hause.

Im Hafen von Cebu lagen Schiffe aus allen möglichen Teilen des Indischen Ozeans. Leute von nah und fern kamen dorthin und fuhren auch wieder weg. Enrique könnte mit seinen Sprachkenntnissen ganz einfach auf einem Schiff angeheuert und sich auf die verhältnismäßig kurze Reise westwärts zu einem anderen der wichtigsten Knotenpunkte dieses Ozeans begeben haben, nach Malakka.

Es wäre eine vollkommen verständliche Entscheidung. Nach all den Jahren der Knechtschaft, einem halben Leben als Diener von Menschen, die ihn, so wohlwollend sie sich auch gezeigt haben mögen, stets als ihr Eigentum betrachtet hatten. Nachdem er mit eigenen Augen gesehen hatte, wozu diese Herren imstande waren und was sie mit denjenigen machten, die sie als unterlegen ansahen. Nachdem er mit List und Glück im letzten Augenblick seine Freiheit zurückgewonnen hatte. Nachdem ihm plötzlich ein Recht auf Selbstbestimmung gegeben worden war. Vielleicht wollte Enrique da einfach nur noch nach Hause?

Und wenn ihm das tatsächlich gelungen war? Wenn er es innerhalb von ungefähr einem Jahr nach Malakka geschafft hatte, wenn er vor dem 8. September 1522, dem Tag, an dem die Victoria mit Antonio Pigafetta und den anderen in Sevilla eingetroffen war, wieder bei seiner Familie und seinen Freunden gewesen war. Wer war er dann?

Dann war Enrique von Malakka der erste Weltumsegler. Dann war er der erste Mensch, der in eine Richtung aufbrach, um aus entgegengesetzter Richtung wieder an den gleichen Punkt zurückzukehren.

So könnte es gewesen sein. Wir können behaupten zu glauben, dass es so war. Aber wir werden es, wie so viele andere Geheimnisse des Meeres, niemals genau erfahren.

Das größte Raubtier

Wir entdecken etwas, wir erobern und wir vernichten es. Ist das immer so? Ist es unvermeidlich, dass der Mensch so mit der Welt umgeht, der bekannten wie der unbekannten? Müssen wir alles, was wir erreichen, auch zerstören?

Was die Geschichte des Menschen und des Meeres betrifft, scheint es zumindest so zu sein. Denn dem Zeitalter der europäischen Expansion – der Zeit, in der Menschen das Meer zum ersten Mal wirklich erforschten, kartografierten und unterwarfen – folgte selbstverständlich eine andere Zeit. Die Geschichten über Magellan und Enrique, Christoph Kolumbus und Vasco da Gama sind Prologe der Geschichten über den modernen, europäischen Kolonialismus, über Plünderungen und Sklaverei, über eine Art von Raubbau an den Ressourcen der Erde, der in der Geschichte der Evolution einzigartig ist.

Und es ist ironisch, dass die Zeit nach der Epoche der europäischen Expansion die Aufklärung genannt wird. Es ist ironisch, weil die Aufklärung mit Vernunft in Verbindung gebracht wird. Das in Europa häufig als dunkel beschriebene Mittelalter endet mit einer Wiedergeburt, das kulturelle Erbe der Antike wird wiederentdeckt, und man tritt in eine Epoche ein, die geprägt ist von Wissenschaft und der Fähigkeit des Menschen, durch Beobachtungen und Wissensdurst Weisheit und Aufklärung zu erreichen. Aus dem Chaos wird Ordnung geboren. Wie in der Schöpfungsgeschichte wird die Dunkelheit zu Licht.

Die Europäer machten es sich zur Aufgabe, dieses Licht, dieses Etwas, in der Welt zu verbreiten. Aber was genau haben sie eigentlich verbreitet?

Vielleicht kann man sagen, dass die neue Dimension, die Ferdinand Magellan der Welt durch seine Expeditionen hinzufügte, nicht nur geografisch, sondern auch moralisch war. Die Grenzen dessen, wozu der Mensch fähig war, wurden erweitert. Was anfänglich einer neugierigen Erforschung glich, wurde zu einem brutalen Marsch zur Herrschaft, nicht nur über Land, Menschen und Kulturen, sondern auch über die Natur selbst.

Denn auf Magellan und Enrique folgten andere Weltumsegler. Nach den Kolonisatoren kam eine andere Art von Eroberern. Sie waren weder Forscher, Kartografen oder Missionare. Sie waren Walfänger.

~ ~ ~

Niemand weiß genau, seit wann der Mensch schon Wale jagt, aber es ist offensichtlich, dass wir sehr früh in Kontakt mit ihnen kamen und gewiss erstaunt waren. »Und Gott schuf große Walfische«, heißt es in einer älteren Übersetzung des 1. Buch Mose. Es war der vierte Tag, kurz nachdem ebenjener Gott Tag und Nacht geschaffen und das Licht von der Dunkelheit geschieden hatte. Es gibt sogar Höhlenmalereien aus der Steinzeit von Walen, und in der Bibel findet man auch die Erzählungen vom Leviathan und Jona und dem Wal. Man weiß, dass sowohl die Phönizier als auch die Griechen und Römer gerne Walfleisch aßen.

Aber es ist möglich und vielleicht auch wahrscheinlich, dass der erste Kontakt zwischen Menschen und Walen nicht draußen auf dem Meer stattfand, sondern an Land. Man stelle sich einen Menschen vor, der eine steinige Küste entlanggeht und plötzlich vor einem toten Wal steht. Ein gestrandeter Koloss aus dem Meer und ein neugieriger, an das Land gebundener Primat, der gelernt hat, sich bei Begegnungen mit dem Unbekannten immer zu fragen, wie es ihm von Nutzen sein kann. Kann man es essen? Ist es gefährlich? Was kann man aus dem Körper dieses Tieres machen?

Die Basken waren vermutlich die Ersten, die draußen auf See etwas methodischer Jagd auf Wale machten. Bereits im achten Jahrhundert bauten sie an der Küste Steintürme, um im Golf von Biskaya Ausschau nach ihnen zu halten. Sie suchten vor allem nach Atlantischen Nordkapern, einem sogenannten Glattwal, der fast zwanzig Meter lang werden kann und der sich gerne in der Nähe der Küste aufhält. Ein elegantes, aber ziemlich träges Tier, das sich dem Menschen, im Gegensatz zu vielen anderen der größten Meereswesen, zumindest zwischendurch zu erkennen gibt.

Wenn die Späher von ihren großen Steintürmen aus einen Nordkaper entdeckten, entzündeten sie ein Feuer oder schlugen auf Trommeln, um die Jäger zu benachrichtigen, die dann in kleinen Booten vom Strand losfuhren, mit einem Harpunier am Bug. Der relativ langsame Wal wurde eingeholt, getötet und an Land geschleppt, und beinahe das gesamte Tier wurde verarbeitet. Das Fleisch konnte frisch oder gesalzen gegessen werden – die Zunge galt als besonders exklusive Delikatesse –, der Blubber wurde zu Öl, das Skelett zu Möbeln oder Zäunen, die Barte – der keratinhaltige Vorhang im Maul, mit dem Wale Plankton filtern – wurden zu Bekleidung oder Bürsten. In den folgenden Jahrhunderten wurden die Basken als ein Volk der Walfänger bekannt, und allmählich folgten ihnen andere. Im Mittelalter begannen Iren, Norweger, Niederländer, Engländer und Franzosen, Wale zu jagen, und schrittweise lernten sie nicht nur, andere Arten zu fangen – Grönlandwale, Finnwale, Blauwale –, sondern begaben sich auf ihrer Jagd auch immer weiter aufs Meer hinaus. Im sechzehnten Jahrhundert segelten europäische Walfänger den ganzen Weg über den Atlantik bis nach Neufundland und an die amerikanische Ostküste.

Auch die Epoche, die wir vor allem mit dem Walfang verbinden, hat dort – an der Ostküste Amerikas – ihren Ursprung. Als die Pilger an Bord der Mayflower im November 1620 vor Cape Cod den Anker warfen, war das Schiff sofort von Walen umringt, vermutlich Nordkapern. Die Menschen auf dem Schiff betrachteten die gewaltigen Tiere mit großen Augen und sahen sie als ein Versprechen. Bald lernten sie von der örtlichen indigenen Bevölkerung, die bereits lange Wale gejagt hatte, wie man sie fangen konnte.

Die Technik war ungefähr die gleiche wie die der Basken viele Jahre zuvor. Vom Strand aus hielt man Ausschau, und sobald ein Wal in Sichtweite die Wasseroberfläche durchbrach, begaben sie sich in kleinen Booten hinaus. Man ruderte leise und vorsichtig, bis man nahe genug war, damit die Harpuniere ihre Waffen werfen konnten. Mit den im Walkörper steckenden Harpunen begann ein wilder und dramatischer Kampf, in dem der Wal in seiner Verzweiflung das Boot wie an einer Schleppleine hinter sich herzog. Wenn der Wal schließlich die Kraft verlor, kamen die Jäger näher und beendeten das Ganze, indem sie eine spitze Lanze in ihn hineinstachen. Wenn man richtig traf und die Lunge punktierte, antwortete der Wal, indem er eine blutrote Wolke aus seinem Blasloch in die Luft schickte, woraufhin die Jäger munter »Der Schornstein brennt!« riefen.

Man jagte Nordkaper und Grindwale, und für die europäischen Kolonisatoren wurde der Walfang früh zu einem Teil der neuen Nationenbildung. Um ihn herum entstand eine bedeutende Wirtschaft, aber auch eine Kultur und Mythologie. Er formte sowohl die Menschen als auch das Land und schuf eine besondere Art von Abenteuergeist, der bald in die Idee des »Amerikanischen« übernommen wurde. Wie die Bisonjagd, der Goldrausch und die Planwagenzüge nach Westen wurde der Walfang ganz einfach zu einem unumgänglichen Teil der amerikanischen Geschichte.

Anfang des achtzehnten Jahrhunderts fuhren Tausende amerikanische Walfangschiffe mit mehreren Zehntausend jungen Männern auf das Meer hinaus und kamen mit Reichtümern zurück. Von Orten wie New Bedford in Massachusetts und New London in Connecticut begab man sich immer weiter hinaus, um seine Beute zu finden. Man fuhr ostwärts und durchquerte den Golfstrom, und nordwärts bis nach Grönland. Die tagelangen Reisen wurden zu Wochen und allmählich zu Monaten.

Auf Nantucket entstand zur selben Zeit die größte und wichtigste Walfangflotte Amerikas. Nantucket ist eine Insel im Atlantik und liegt ungefähr fünfzig Kilometer südöstlich von Woods Hole auf Cape Cod. Klein und windgepeitscht, von oben gesehen in der Form eines gewölbten Bogens. »Nichts als ein kleiner Hügel, ein Ellenbogen aus Sand, alles Strand und kein Hinterland«, wie Ismael, der Erzähler in Herman Melvilles *Moby-Dick*, sie beschreibt, bevor er genau dort auf dem Walfänger Pequod anheuert.

Im achtzehnten Jahrhundert begab sich so gut wie jeder junge Mann auf Nantucket regelmäßig auf Walfangreisen. Der Fang wurde hier schon fast als etwas Schicksalhaftes gesehen, als wären die Menschen nur an diesem Ort, um genau das zu tun. Hier bekam der Walfang sein kulturelles und mythologisches Zentrum. Hier bekam er auch eine neue Beute.

Laut der Geschichte, ob wahr oder nicht, verließ ein junger

Kapitän namens Hussey 1712 den Hafen Nantuckets, um Nordkaper zu jagen. Er und seine Mannschaft hatten sich noch nicht weit vom Land entfernt, als sie plötzlich von einem starken Wind überrascht wurden und ihr Boot weiter nach Norden getrieben wurde, als sie beabsichtigt hatten. In diesen fremden Gewässern segelten sie geradewegs in eine große Schule Pottwale hinein. Es war natürlich nicht das erste Mal, dass Menschen Pottwale gesehen oder gar gejagt hatten. Marco Polo schrieb darüber, wie die Menschen auf Madagaskar sie in hoher Zahl fingen, und manche Historiker glauben, dass die Phönizier sie bereits vor unserer Zeitrechnung im Mittelmeer gejagt haben. Aber für die amerikanischen Walfänger war es, so wie für die anbrechende Epoche, die sie repräsentierten, eine neue Beute, gleichzeitig Furcht einflößend und verlockend.

Als sich das erste Erstaunen gelegt hatte, ließ Kapitän Hussey die Walfänger zu Wasser, und wider Erwarten gelang es ihnen, eines der riesigen Tiere zu fangen. Als der Wind sich drehte, gelang es ihnen auch, den Wal bis nach Nantucket zu schleppen.

Laut der Sage fiel mit diesem einzelnen Wal der Startschuss für eine neue Ära in der Geschichte des Walfangs. Plötzlich gab es ein neues Ziel, ein größeres, schöneres, gefährlicheres, ruhmreicheres und gewinnbringenderes Ziel. Mit dem Pottwal wuchs der Walfang zu einem weltumspannenden Phänomen, in dem die alten Grenzen nicht länger galten. Der Pottwal lockte die Menschen auf das offene Meer und trieb sie zu einigen der längsten und extremsten Seereisen, die je gemacht wurden. Denn wenn man Pottwale jagen wollte, musste man sich weiter hinausbegeben, zu größeren und tieferen Meeren. Man brauchte Geduld und Ressourcen. Man brauchte große Schiffe, auf denen man sich um die Beute kümmern, den Blubber kochen und das Öl in Fässern im Bootsinneren lagern konnte. Man musste sich auf Reisen begeben, die mehrere Jahre dauerten und die einen um die ganze Welt führten. Mit dem Pottwal als lockendes Ziel wurde der Walfänger zum Weltumsegler seiner Zeit.

~~~

Francis Allyn Olmsted war einer derjenigen, die sich auf den Weg machten. Am 11. Oktober 1839 verließ er den Hafen von New London an Bord des Walfängers North America. Er war zwanzig Jahre alt und sollte erst anderthalb Jahre später zurückkehren, nach einer Reise, die ihn mehr als sechzigtausend Kilometer über den Atlantik und Pazifik geführt hatte.

Francis Allyn Olmsted hatte vorrangig aus gesundheitlichen Gründen auf der North America angeheuert. Er war ein kränklicher junger Mann. Vor allem litt er, wie er es selbst nannte, an »chronischer Schwäche des Nervensystems«, und es war in jener Zeit nicht ungewöhnlich, dass man rätselhafte Gebrechen durch einen Umgebungswechsel zu heilen versuchte. Wenn das Leben an Land zu schwachen Nerven führte, konnte ein Aufenthalt auf dem offenen Meer als Gesundheitskur angeordnet werden.

Der Morgen des 11. Oktober 1839 in New London war schön. Die Luft war kalt und frisch, die Sonne spiegelte sich auf den Wellen, und eine stete Brise führte die North America behutsam aus dem Hafen, während Olmsted voller Erwartung an Deck stand. »Womöglich werden Monate vergangen sein«, schrieb er noch am selben Tag in sein Tagebuch, »ehe ich die inspirierenden Töne von ›Hail Columbia, happy land‹ wieder in meinem eigenen geliebten Land hören werde, dem ich nun Lebewohl sage – vielleicht für immer.«

Es war also ein erwartungsvoller junger Mann, der da aufbrach, genau wie sich erwartungsvolle junge Männer zu allen
~~~

Zeiten auf See begeben haben, auf der Suche nach Abenteuern. Und das meiste, von dem er am ersten Tag an Deck träumte und auf das er hoffte, würde auch in Erfüllung gehen. In den folgenden achtzehn Monaten sollte Olmsted mehr von der Welt sehen als die meisten anderen in einem ganzen Leben.

Er ging auf den Azoren mitten im Atlantik an Land und beschrieb nahezu schwindelig im Kopf die Schönheit der Inseln. Er segelte die südamerikanische Küste entlang und in die Magellanstraße, sah Feuerland zu seiner linken Seite und traf die indigene Bevölkerung, die sagenumwobenen Patagonier. Etwas enttäuscht stellte er in seinem Tagebuch fest, dass sie entgegen der Behauptungen von Antonio Pigafetta gar nicht besonders riesig waren. »Was frühere Reisende zu solch übertriebenen Darstellungen der Patagonier veranlasst haben könnte, kann ich mir nicht vorstellen«, schrieb er in einem Augenblick der Einsicht, »es sei denn, um die Vorliebe der menschlichen Natur für das Sagenhafte statt des Wahren zu befriedigen.«

Er segelte auf den großen Pazifik und erlebte eine Strandung bei den Galapagosinseln, wo Charles Darwin nur fünf Jahre zuvor mit seinem Schiff Beagle Anker geworfen hatte. Er fuhr weiter nach Hawaii, vierzig Tage lang, wo er im Hafen von Honolulu zum ersten Mal, seitdem er New London verlassen hatte, einen Gottesdienst besuchte. Von dort aus über das offene Meer nach Tahiti – achtunddreißig Tage lang –, wo er in seinem Tagebuch entzückt das Korallenriff, die Kokospalmen und die warmen, weißen Sandstrände beschrieb.

Francis Allyn Olmsteds Tagebuch ist in erster Linie die Schilderung vom Seefahreralltag, vom eintönigen Leben auf See, das den normalen Gesetzen von räumlichen Grenzen und dem Lauf der Zeit nicht richtig zu folgen scheint. Er schrieb über die Männer der Besatzung und ihre Persönlichkeiten, über all die

Länder, Menschen und Kulturen, die ihnen begegneten, über das Meer und wie man es kennenlernt. Er schrieb über lange, ereignislose Tage des Heimwehs und der Tristesse und über die Not, die Menschen in ihrer Verzweiflung dazu brachte, über Bord zu springen und zu versuchen, an Land zu schwimmen, nur um von allem wegzukommen.

Aber er erlebte auch große Dramen und schwindelerregende Abenteuer. Und am dramatischsten war es, als sie sich dem Akteur näherten, der das eigentliche Ziel der Reise war, nämlich dem Pottwal. Am 2. Dezember im Südatlantik, nach knapp zwei Monaten auf See, sichteten die Männer der North America zum ersten Mal eine ganze Schule Pottwale. Am Horizont bliesen die Tiere ihren dicken, weißen Nebel in den Himmel, und auf dem Schiff brach sofort fieberhafte Betriebsamkeit aus. »Da bläääst er!«, rief der Ausguck, die Segel wurden gerefft, die Walboote zu Wasser gelassen, und die Männer ruderten mit aller Kraft zur Schule. Am Heck stand der Steuermann und spähte, am Bug der Harpunier mit seiner erhobenen Waffe. Wenn die Wale untertauchten und verschwanden, saßen die Männer ganz still und hielten in fieberhafter Erwartung den Atem an. Bis wieder jemand »Da bläääst er!« rief und die Jagd weiterging.

Es dauerte Stunden, aber es gelang ihnen, zwei Wale zu fangen, und Olmsted beschrieb atemlos, wie die harpunierten Pottwale die kleinen Ruderboote in einem wilden und schäumenden Kampf hinter sich herzerrten. Bis die letzte, entscheidende Lanze schließlich in den Wal gestoßen wurde, das Wasser sich rot färbte und das riesige Tier sich auf die Seite rollte und aufgab. »Nun harmlos, die Beute seiner wagemutigen Fänger.«

Als Francis Allyn Olmsted 1841 nach New London zurückkehrte, gab er seine Notizen als Buch heraus. Es bekam den sprechenden Titel *Incidents of a Whaling Voyage – To Which Are*

Added Observations on the Scenery, Manners and Customs, and Missionary Stations of the Sandwich and Society Islands, und es war die bis dahin vielleicht lebendigste und detaillierteste Schilderung des internationalen Walfangs, einer Tätigkeit, die für die meisten bis dahin ebenso sagenumwoben wie fremd war. Es hinterließ einen tiefen Eindruck bei Generationen von Menschen, die vom Meer träumten.

Einer derjenigen, die Olmsteds Buch gelesen hatten, war Herman Melville, der sich in dessen Erscheinungsjahr aufs Meer hinausbegab. Francis Allyn Olmsted schaffte es noch, seinen Abschluss in Medizin zu machen, bevor er 1844 mit nur fünfundzwanzig Jahren starb, aber indem Melville 1851 seinen Roman *Moby-Dick* herausgab, sorgte er dafür, dass Olmsteds Erfahrungen auf ewig für die Nachwelt bewahrt wurden. Denn mit *Moby-Dick* bekam das, was man die Epoche des Walfangs nennen kann, seine Aura. Olmsteds Erzählung wurde sozusagen im Verborgenen in die Weltliteratur eingeführt, und der Walfang bekam nicht nur ein Spannungs- und Romantikelement, sondern auch einen existenziellen Rahmen. So wurde es zu Allgemeinwissen, dass der Walfang hart und gefährlich, aber vor allem ein Abenteuer war. Beim Walfangen stand immer etwas auf dem Spiel, man konnte es damit versuchen, wenn das Leben auf dem Land zu berechenbar geworden war, und wer es mehrere Jahre auf dem offenen Meer aushielt und die blutigen Begegnungen mit den größten Raubtieren des Meeres überlebte, durfte erwarten, bei seiner Rückkehr jemand anderes zu sein.

Es ist kein Zufall, dass *Moby-Dick*, ein Buch, das zu den größten amerikanischen Romanen gezählt wird, ausgerechnet vom Walfang handelt. Herman Melville erkannte, so wie Francis Allyn Olmsted und zahlreiche andere vor ihm, dass das Meer die perfekte Kulisse für die allergrößten Erzählungen ist, die von der

Rolle des Menschen in der Welt, seiner Beziehung zur Natur, zum Leben in dessen unterschiedlichen Ausprägungen und von seinem tatsächlichen Platz in der Existenz handeln.

Und wer könnte in dieser Erzählung eine passendere Nemesis sein als der Pottwal, das fremdartigste und geheimnisvollste, aber auch majestätischste Lebewesen des Meeres.

~~~

Der Pottwal ist in vielerlei Hinsicht ein seltsames Tier. Es ist der Wal aller Wale. Das sagenumwobenste und fantasieanregendste der großen Meeressäugetiere. Natürlich musste der weiße Leviathan in *Moby-Dick* ein Pottwal sein, und nichts anderes. »Er ist zweifelsohne der größte Bewohner des Globus«, stellt der Erzähler Ismael fest, »von allen Walen der mächtigste Gegner im Kampf, majestätischer als alle anderen im Aussehen und schließlich der weitaus wertvollste Wal für den Handel.«

Der Pottwal ist nicht wirklich der größte Bewohner unseres Globus, dieses Attribut wird dem Blauwal zugeschrieben, aber er ist der größte der Zahnwale und tatsächlich das größte Raubtier, sowohl im Wasser als auch an Land. Sein wissenschaftlicher Name lautet *Physeter macrocephalus*. *Physeter* bedeutet »Bläser« und bezieht sich auf das kräftige Ausstoßen von Luft, wenn er nach einem Tauchgang die Oberfläche durchbricht. *Macrocephalus* steht für »großer Kopf«. Ein erwachsener Bulle kann bis zu zwanzig Meter lang werden und wiegt fast fünfzig Tonnen. Der riesige Kopf macht fast ein Drittel des Körpers aus, besteht aus einem hohen und breiten Oberkiefer und einem schmalen und dünnen Unterkiefer mit einer Unmenge großer und spitzer Zähne. Das einzelne Blasloch befindet sich oben auf dem Kopf und die kleinen Augen seitlich und etwas weiter unten am Kör-
~~~

per. Zu einem Großteil ist dieser Kopf jedoch nur eine gewaltige, knochenlose Masse, »eine blinde, leblose Wand«, wie Ismael es nennt. Denn für ein Meereslebewesen scheint er nicht besonders stromlinienförmig zu sein. Es ist eher so, als würde der Pottwal dem Element, in dem er lebt, trotzen. So als bräuchte er sich nicht anzupassen oder irgendwelche Zugeständnisse zu machen.

Auf Englisch wird er *sperm whale* genannt. Auch in anderen Sprachen wird oder wurde er zuweilen als Spermacetiwal bezeichnet. Das liegt an der seltsamen Substanz, Spermaceti oder Walrat, die im immensen Kopf des Wales produziert wird und die bei Körpertemperatur eine dickflüssige und trübe, hellgelbe Flüssigkeit darstellt, bei Kontakt mit der Luft aber zu einer weißen und wachsähnlichen Masse wird. Als Menschen zum ersten Mal den Kopf eines Pottwals öffneten und fast zweitausend Liter dieser Flüssigkeit hinausliefen, zogen sie den Schluss, dass der Pottwal sein Sperma im Kopf produzierte. Seitdem ist der Name geblieben, und auch wenn man längst verstanden hat, dass der Kopf des Wals nicht mit Sperma gefüllt ist, ist der Zweck des Walrats immer noch ein Mysterium. Manche glauben, es helfe dem Wal bei der Regulation seines Auftriebs, andere, es sei ein Werkzeug zur Orientierung, indem es das elektromagnetische Feld der Erde ablese. Es scheint wie eine Art Tonverstärker zu funktionieren, wenn der Pottwal seine kraftvollen Klicklaute macht. Es gibt Theorien, dass Walrat Stickstoff absorbiert und dem Wal damit hilft, Druckveränderungen beim Tauchen zu bewältigen. Manche glauben, es funktioniert wie ein Schutzkissen, ein Airbag, wenn er seinen Kopf wie einen Rammbock benutzt, um andere Wale anzugreifen, oder vielleicht Walfangboote. Neben dem Walrat hat der Pottwal in seinem Kopf auch Platz für das größte Gehirn der Tierwelt mit einem Gewicht von fast zehn Kilogramm.

Der Pottwal kommt in allen großen Weltmeeren vor, vom Nordatlantik bis zum Südpazifik und sogar im Mittelmeer. Wie der Mensch an Land hat er sich wie fast keine andere Spezies auf der ganzen Welt verbreitet. Ein Kosmopolit des Meeres, der eine Möglichkeit gefunden hat, sowohl im tropischen als auch im arktischen Klima zu überleben.

Der Pottwal ist ein soziales Tier. Er arbeitet beispielsweise zusammen, um sich bei Angriffen zu verteidigen. Wenn eine Schule Schwertwale angreift, versammeln sich die erwachsenen Pottwale in einem Verteidigungsring um die Kälber. Kopf an Kopf wie eine Palisade, die gewaltigen Schwänze als bedrohliche Warnung für die Angreifer erhoben. In ruhigeren Augenblicken können sie auch sehr zärtlich miteinander umgehen. Zwei Pottwale können stundenlang herumtollen und sich zusammen an der Wasseroberfläche herumdrehen, liebevoll schmusend oder spielerisch mit den Mäulern schnappend.

Die Kühe und jüngeren Bullen bewegen sich gemeinsam in großen Schulen fort, die mehrere Hundert Individuen umfassen können. Die Kühe sind fünfzehn Monate trächtig, und die Kälber werden danach mindestens zwei Jahre lang gesäugt, manchmal bis zu zehn Jahre. Ihre Milch ist, zumindest laut Ismael, süß und nahrhaft und »würde sich gut zu Erdbeeren machen«. Die älteren Kühe – sie können bis zu achtzig Jahre alt werden – bekommen nach ungefähr vierzig Jahren keine eigenen Kälber mehr, sondern helfen der Gruppe. Wenn die jüngeren Mütter nach Nahrung tauchen, lassen sie ihre Kälber bei diesen lebenserfahrenen Matriarchinnen.

Wenn die Bullen in den späten Teenagerjahren ins geschlechtsreife Alter kommen, bilden sie oft eigene Schulen, umherstreunende Banden frühreifer Heranwachsender, die sich auf der Jagd nach Nahrung Hunderte Kilometer durch das Meer fortbewegen können. Die größten und ältesten Bullen sind ihrerseits Einzelgänger, die sich nur zur Paarung einer Schule anschließen.

Der Pottwal ist einer der geschicktesten Taucher des Meeres. Ein Pottwal kann mehrere Tausend Meter tief tauchen und dort bis zu zwei Stunden lang bleiben. Er bewegt sich schnell mithilfe seiner gewaltigen Fluke, die sich manchmal als sechs Meter breite Mondsichel aus dem Wasser hebt. Ein Anblick, der Menschen zu allen Zeiten fasziniert und angelockt hat. »Kein Lebewesen weist so schöne, klar gezogene Linien auf«, sagt Ismael über diese Flosse.

Ein anderer geradezu sagenumwobener Körperteil des Pottwals ist sein Penis. Ein berühmtes Gemälde des Künstlers Hendrick Goltzius aus dem Jahr 1598 zeigt einen großen Pottwalbullen, der an einen niederländischen Strand gespült wurde. Der Wal liegt auf der Seite, und die große Menschenmasse, die sich um ihn versammelt hat, scheint mit den Blicken das zu fixieren, was den Mittelpunkt des Bildes ausmacht, einen ungefähr zwei Meter langen Penis, der wie ein grober, vom Sturm gebrochener Ast im Sand liegt. Ismael nennt ihn ein »Ornat«. Er sei länger als ein Einwohner von Kentucky, erklärt er, an der Wurzel dreißig Zentimeter im Durchmesser und »pechschwarz wie Jojo, Queequegs Ebenholzgötze«. Er erregte sicher das Interesse vom »Hauer« des Walfangschiffes, der sich daranmacht, »die Haut in einem einzigen zylindrischen Stück abzuziehen, so wie ein afrikanischer Jäger eine Boa häutet«. Aus der Haut näht er sich einen schönen und stilvollen Mantel, schlitzt zwei Armlöcher hinein und »schlüpft der Länge nach in diese Haut hinein«. Er hat sich ein edles schwarzes Gewand gemacht, würdig eines Papstes. Ein Ornat.

Obwohl der Pottwal die Menschen schon so lange fasziniert und sie ihn gejagt haben, ist dieses riesige Tier ein großes

Rätsel geblieben. »Ich kann ihn nicht verstehn und werd es niemals können«, sagt Ismael verzweifelt. Und auch im wissenschaftlichen Sinn, wenn es um seine Lebensbedingungen, seine Physiognomie und sein Verhalten geht, ist noch vieles über den Pottwal unbekannt.

Wir wissen zum Beispiel wenig über sein Jagdverhalten. Noch nie hat jemand einen Pottwal bei der Jagd oder beim Fressen beobachtet, aber es gibt Schilderungen von epischen Schlachten mit bis zu acht Meter langen Riesenkalmaren. Der Grund dafür, dass man glaubt, solche Kämpfe kämen tatsächlich vor, sind große, runde Narbenbildungen am Kopf des Pottwals, die von nichts anderem als Riesenkalmaren stammen können.

Vor allem scheint er sich aber von kleinen Tintenfischarten zu ernähren. Man weiß schließlich, dass er bis in gewaltige Tiefen tauchen kann, wohin kein Licht gelangt und wo das Meer vollkommen schwarz ist, und man weiß, dass er bis zu zwei Stunden dort unten bleiben kann. Aber wie findet er in dieser undurchdringlichen Finsternis seine Beute?

Manche Tintenfischarten leuchten in der Dunkelheit, was erklären könnte, dass der Pottwal sie ausfindig macht. Aber es sind auch schnelle, kleine Tiere, die wahrscheinlich kein Problem damit haben, einem großen und schwerfälligen Wal zu entwischen. Wie also fangen sie sie?

Eine Theorie ist, dass der Pottwal Töne benutzt. Man weiß, dass sie einen ungeheuer lauten Klicklaut produzieren können. Er ähnelt dem Geräusch eines Hammers, der mit großer Kraft einen Nagel trifft, und deswegen wurden Wale von Seemännern, die nachts nicht schlafen konnten und diesem Geräusch durch den Holzrumpf zuhörten, manchmal auch *carpenter fish* (deutsch »Zimmermann-Fische«) genannt. Vielleicht kann der Pottwal seine Klicklaute so stark zu einer Art pulsierenden Waffe verdichten, dass sie seine Beute betäuben oder sogar töten? Oder vielleicht dienen die großen, weißen Zähne der Wale als ein Köder in der Dunkelheit, wie ein fluoreszierender Organismus, der die Beutefische in sein Maul lockt? Wie dem auch sei, der Pottwal scheint ein sehr geschickter Jäger zu sein. Im Magen eines einzelnen Wals hat man Überreste von nicht weniger als fünfzehntausend Tintenfischen gefunden. Durch die gesamte Geschichte, seit der biblischen Erzählung von Jona und dem Wal, zogen sich auch Mythen über Pottwale als Menschenfresser.

Der Mensch jedenfalls hat, seiner Natur getreu, Möglichkeiten gefunden, den Pottwal zu nutzen und auszubeuten, bereits lange bevor er ihn verstanden hat. Seit der groß angelegte, globale Walfang im achtzehnten Jahrhundert Fahrt aufgenommen hat, ist der Pottwal die gefragteste und sagenumwobenste Beute. Die Menschen wollten ihn fangen, weil er so majestätisch, gewaltig, gefährlich, geheimnisvoll und unerklärbar ist. Man wollte ihn töten, weil man konnte, nicht, weil man es musste. Der Nutzen, den der Pottwal für den Menschen hatte, scheint eher eine nachträgliche Erklärung zu sein, so als wäre das Ziel dem Sinn vorausgegangen. Erst jagt und tötet man, danach überlegt man sich, warum.

Der Pottwal ist in der Regel aufgrund seiner Größe schwer zu fangen, aber auch wegen seines Verhaltens und Gemüts. Eben deswegen stellte er eine besonders verlockende Beute dar. Da er so tief hinabtaucht und so lange unter der Oberfläche bleibt, ist es schwer, ihn überhaupt zu entdecken, und noch schwerer, ihn zu verfolgen. Und wenn man dann einmal in seine Nähe kommt, scheint er in höherem Maße als andere Wale launisch und unberechenbar zu sein. Es gibt viele Geschichten von aggressiven Pottwalen, die Walfangboote angegriffen, versenkt und die gesamte Besatzung mit in die Tiefe gerissen haben. Für einen

Harpunier eines Walfängers im achtzehnten oder neunzehnten Jahrhundert war der Pottwal sicher ein Männlichkeitstest, von dem man träumte und vor dem man sich fürchtete.

Mit der Zeit entwickelten die Walfänger jedoch Techniken und Methoden, um ihn trotz allem zu besiegen, und als die Jagd zu einer weltweiten Industrie wurde, waren vor allem drei Produkte der Beute wichtig: der Blubber, der Walrat und der Amber.

Der Blubber wurde zu einem Öl ausgekocht, das man zur Herstellung von Seife, Malerfarbe und Firnis verwendete. Er wurde benutzt, um die Maschinen in den großen Stoff- und Lederfabriken zu ölen, die in Europa entstanden; als buchstäbliches Schmiermittel für die industrielle Revolution. Er wurde nicht zuletzt auch als Lampenöl benutzt. Als große Städte wie London und Paris im achtzehnten Jahrhundert Laternen auf den Straßen installierten, wurde Walöl verwendet, um die Dunkelheit zu vertreiben, und gerade das des Pottwals war heller als das anderer Wale, es wurde als das allerfeinste auf dem Markt angesehen. Dies ist eine andere Seite der Ära, die wir die Aufklärung nennen. Der Mensch benutzte seine Vernunft und lernte, das Meer zu beherrschen, und man begann, Wale zu jagen. Man jagte dieses majestätischste Tier der Evolution quer über die Weltmeere, tötete es und brachte es bis an die äußerste Grenze der Ausrottung. Und man tat es in erster Linie, um Öl für seine Lampen zu bekommen! Man tat es, um die Nacht aus den Straßen der heranwachsenden Großstädte zu vertreiben. Aus Angst vor dem Dunkeln. Man tat es für die Aufklärung.

Auch Walrat konnte als Lampenöl benutzt werden, aber er wurde auch für eine Reihe anderer Bereiche vermarktet, nicht zuletzt für die Medizin. Nachdem Walrat ausgekocht und gereinigt worden war, wurde er oft in konische Formen gegossen, wie eine Art ölige Seife, und als Heilmittel für alles Mögliche verkauft, von Asthma bis zu Tumoren. Er wurde in Cremes und Salben verwendet und soll Wunder für die Haut bewirkt haben. Allmählich lernte man auch, Kerzen aus Walrat zu gießen. Eine Zeit lang waren es die luxuriösesten und wohlriechendsten Kerzen, die man bekommen konnte.

Amber wiederum war das wertvollste Produkt, das sich gewinnen ließ. Es handelt sich dabei um einen wachsähnlichen Stoff, der im Darm des Pottwals produziert und oft mit dem Kot ausgeschieden wird. Er besteht hauptsächlich aus Fett und ätherischen Ölen und sieht laut Ismael aus wie »verschimmelter Käse«. Vermutlich wird er als eine Art schützendes Sekret gebildet, wenn die harten Schnäbel der Tintenfische den Darmtrakt passieren und über die Wände schaben. Frisch riecht er – kurz gesagt – nach Exkrementen, aber wenn er alt ist und nachreift, bekommt er einen weichen, erdigen Charakter, der manchmal mit hochwertigem Alkohol verglichen wird.

Lange bevor man eigentlich wusste, was Amber war, fand der Mensch Anwendungsgebiete dafür. Für die Chinesen war er ein frühes Aphrodisiakum, die Ägypter verbrannten ihn in ihren Tempeln, und die Araber legten ein Stück Amber in ihren Kaffee. Zur Zeit der Pest glaubte man, er könnte vor dem Schwarzen Tod schützen. Man verwendete ihn in Schokolade oder mischte ihn mit Wein oder Likör, Seemänner benutzten ihn als natürliches Abführmittel. Als Königin Victoria 1838 gekrönt wurde, salbte man sie mit einem amberhaltigen Öl ein. Allmählich fand man auch sein wichtigstes Anwendungsgebiet: als duftverstärkender Inhaltsstoff von Parfüms.

Dennoch hatte man lange keine Ahnung, woher Amber eigentlich kam. Er schwamm einfach im Meer herum, von tennisballgroßen Kugeln bis hin zu riesigen, kiloschweren Klumpen. Man glaubte, er wäre ein Schwamm, erstarrter Meerschaum, die Leber eines Fisches, eine Ansammlung von Vogelkot oder die Frucht einer Tiefseepflanze. Alte Theorien besagten, Amber würde von einem mystischen Baum stammen, der seine Wurzel weit ins Meer streckte. Oder, dass er der zähflüssige Speichel eines riesigen Seeungeheuers wäre.

Erst Anfang des achtzehnten Jahrhunderts wurde bewiesen, dass Amber aus dem Darmtrakt des Pottwals kommt. Die angesehene Wissenschaftszeitschrift *Philosophical Transactions of the Royal Society* veröffentlichte 1724 einen Bericht darüber, wie Walfänger aus Nantucket einen zehn Kilogramm schweren Klumpen Amber im Magen eines frisch gefangenen Pottwals gefunden hatten, und erst da galt die Sache als geklärt. Als der globale, kommerzielle Walfang ungefähr zur gleichen Zeit ernsthaft Fahrt aufnahm, jagte man den Pottwal auch speziell aus diesem Grund, um den konstruierten Bedarf der europäischen Bourgeoisie an Amber versorgen zu können. Und so wurde dieser mystische, merkwürdige Wal zu mehr, als die Evolution beabsichtigt hatte. Er wurde zu einer begehrten Ware im neu erwachten internationalen Welthandel, der immer offen dafür war, noch ein Produkt auszubeuten und zu vermarkten. Damit war der Pottwal scheinbar dazu verdammt, unterzugehen.

Als das neunzehnte ins zwanzigste Jahrhundert überging und Petroleum und andere fossile Brennstoffe als Leuchtmittel in der Welt übernahmen, fand man andere Wege, den Wal auszunutzen und zu vermarkten. Als die Sowjetunion nach dem Zweiten Weltkrieg mit industriellem Eifer Pottwale jagte und pro Jahr mehr als je zuvor von ihnen getötet wurden, entdeckte man bald auch neue Anwendungsgebiete für die Körper der Tiere. Man verwendete das Öl in Vitaminpräparaten, verkaufte sein Fleisch an Pelztierfarmen, kochte aus den Sehnen Klebstoff und stellte aus der Haut Schuhsohlen her.

Auf der Roten Liste der International Union for Conservation of Nature and Natural Resources, IUCN, ist der Pottwal heute als »gefährdet« eingestuft. Lange sah es aus, als wäre der Mensch mit seinem Vorsatz, ihn auszurotten, erfolgreich gewesen. Aber da der groß angelegte, kommerzielle Walfang gestoppt wurde, hat der Bestand sich wieder ein wenig erholt, und man betrachtet den Pottwal derzeit nicht mehr als vom Aussterben bedroht. Seit er Anfang des achtzehnten Jahrhunderts zum ersten Mal auf Tuchfühlung mit dem Menschen ging, hat er allerdings, wie so viele andere mehr oder weniger majestätische Meereswesen, unwiederbringliche Verluste erlitten. Heutzutage geht man davon aus, dass etwa dreihundertsechzigtausend Pottwale durch die Ozeane schwimmen. Das ist ungefähr ein Viertel der Anzahl, die es gab, bevor Ismael und die anderen sich auf das Meer begaben, um sie zu jagen, und damit hat sich der Pottwal noch deutlich besser geschlagen als viele andere seiner marinen Verwandten. Als die Basken im achten Jahrhundert mit der Waljagd begannen, zählte man Hunderttausende Atlantische Nordkaper, die sich die Küsten des Nordatlantiks entlangbewegten. Heute sind nur noch etwas mehr als zweihundert übrig.

~~~

Was ist ein Raubtier? Fragt man einen Biologen, ist es eine Ordnung von Säugetieren mit rund zweihundertfünfzig Arten, die davon leben, andere Tiere zu töten und zu fressen, und deren Kennzeichen vor allem ihr auf den Fleischverzehr spezialisiertes Gebiss ist. Im übertragenen, sprachlichen Sinn ist ein Raubtier ein Organismus, der andere Organismen zum eigenen Überleben oder Vorteil jagt, tötet und ausrottet. Betrachtet man unseren Einfluss auf die Erde und all die Lebewesen, mit denen wir sie
~~~

teilen, dann ist der Mensch eindeutig das überlegenste Raubtier aller Zeiten. Diese Feststellung ist weder ethisch noch politisch im eigentlichen Sinne. Es ist einfach eine Tatsache. Und das Meer ist mehr als jedes andere Element Zeuge davon.

Die amerikanische Meeresbiologin und Autorin Edith Widder hat die Beziehung des Menschen zum Meer als einen hemmungslosen Raubbau beschrieben, der von einem blinden Umhertappen geprägt ist: »In der Menschheitsgeschichte haben wir erforscht und dann ausgebeutet, aber im Meer haben wir diese Reihenfolge umgedreht und die Ressourcen des Ozeans massiv ausgebeutet, bevor wir erforscht haben, was es dort eigentlich gibt.«

Es ist das grundlegende Paradoxon, wenn es um den Menschen und das Meer geht. Wir leben auf einem Meeresplaneten, einer dunkelblauen Kugel, und das Meer ist so viel größer, so viel wilder und mächtiger als alles andere. Gleichzeitig ist es einsam und fragil. Es gibt im Grunde nur eines. Wir können zwar imaginäre Grenzen ziehen und den einzelnen Teilen unterschiedliche Namen geben, aber im Grunde ist das Meer überall ein und dasselbe. Das bedeutet auch, dass es verletzlich ist. Sehr viel verletzlicher, als wir lange dachten.

Es gibt einen berühmten Ausspruch des Briten Thomas Henry Huxley, der oft zitiert wird, wenn man über die Ausbeutung des Meeres spricht. Huxley war Zoologe und Wissenschaftsphilosoph, einer der einflussreichsten seiner Zeit, und Großvater von Aldous Huxley, des Autors, der 1932 den dystopischen Zukunftsroman *Schöne neue Welt* schrieb. Thomas Henry Huxley war unter anderem ein eifriger Verfechter der Evolutionstheorie von Charles Darwin, und er war der Mann, der das Wort »Agnostizismus« prägte, einen Begriff, der für ihn weniger mit einem Glaubensbekenntnis als mit einer Methode zu tun hat, einer wissenschaftlichen Sichtweise auf die Welt, mit einer deutlichen Unterscheidung zwischen dem, was wir mithilfe der Vernunft sagen und wissen können, und dem, was wir nur glauben. Er war einer der wichtigsten frühzeitlichen Denker in Bezug auf die Frage, welchen Platz der Mensch in der Natur einnimmt – über den Menschen als ein Tier unter anderen, mit all seinen speziellen Voraussetzungen und Beschränkungen –, und in dieser Funktion wurde er Teil der Debatte, die Anfang der 1880er-Jahre Fahrt aufnahm und den menschlichen Einfluss auf Natur und Tierleben thematisierte.

Auf einem Seminar in London sprach Huxley 1883 über die Befürchtung, die zur Fischereiindustrie geäußert wurde. Konnte die schnelle technische Entwicklung möglicherweise dazu führen, dass die Fische, beispielsweise der beliebte Kabeljau, einfach zur Neige gingen? An dem Seminar nahmen Biologen und Kenner des Meeres teil. War das Meer vom Menschen bedroht? War man mit all den Dampfbooten und riesigen Schleppnetzen tatsächlich dabei, einen der großzügigsten Vorräte der Natur aufzubrauchen?

Nein, antwortete der am Rednerpult stehende Huxley entschieden und mit dem seither so oft zitierten Ausspruch, über diese Gefahr müsse man sich überhaupt keine Sorgen machen: »Ich meine, dass der Kabeljau, und vermutlich alle anderen großen Fische, unerschöpflich sind. Nichts von dem, was wir tun, kann die Zahl der Fische ernsthaft beeinflussen.«

Diese Sichtweise auf das Meer als unerschöpfliche Ressource war tief in der Geschichte verwurzelt. Ismael äußert in *Moby-Dick* die gleichen Gedanken, als er sich fragt, ob die groß angelegte, weltweite Jagd auf Wale zu deren Untergang führen könnte. Nein, meint er, ganz egal, wie viele Wale der Mensch auch töten würde, es würden immer mehr lebende übrig bleiben:

»Mithin halten wir aus all diesen Gründen den Wal in seinen verschiedenen Arten für unsterblich, wie vergänglich er als einzelnes Wesen auch sein mag. Er schwamm schon durch die Meere, bevor die Kontinente aus den Wassern ragten; er schwamm einst dort, wo heute die Tuilerien stehen, das Schloß von Windsor und der Kreml. Als Noahs Flut die Erde bedeckte, verschmähte er Noahs Arche, und sollte die Welt je wieder überflutet werden, so wie die Niederlande zur Vertilgung der Ratten, dann wird der Wal dennoch ewig weiterleben, wird auf dem höchsten Wellenkamm der Fluten des Äquators seinen Leib aufbäumen und seinen gischt'gen Trotz gen Himmel speien.«

Das war eine Sicht auf das Meer, die bis weit in die Moderne überleben sollte. Die Weite des Meeres, seine vermeintliche Unerschöpflichkeit, haben tatsächlich einen Raubbau zugelassen, der sich mit nichts vergleichen lässt. Eine Gesetzlosigkeit und ein Mangel an Weitblick, eine buchstäblich grenzenlose Gier. Selbst nach der »Aufklärung«, selbst nachdem sich der Mensch eine wissenschaftliche Haltung zur Welt zu eigen gemacht hatte, blieb das Meer ein Ort, an dem sich in erster Linie rücksichtsloser Opportunismus durchsetzte.

Denn trotz der Befürchtungen der 1880er-Jahre expandierten sowohl die Fischerei als auch der Walfang immer mehr. Während der Weltkriege stand die Wissenschaft im Dienste des Krieges, man lernte, größere, schnellere, leichtere und sicherere Schiffe zu bauen, mit denen man in immer kürzerer Zeit und mit immer weniger Treibstoff weiter fahren konnte. Die modernen Kriegs-U-Boote trieben die Entwicklung der Sonartechnik voran, sodass man die Fische leichter finden konnte. Mit besserer Ausrüstung, stärkeren Seilen und Schleppnetzen wurde die Fischerei effektiver, was dazu führte, dass die Menge der euphemistisch als Beifang bezeichneten Fische, sprich derjenigen, die mit herausgeholt werden, aber von der falschen Art oder Größe sind und einfach wieder zurück ins Meer geworfen werden, sehr viel größer wurde. Heutzutage rechnet man damit, dass ungefähr jeder zweite Fisch wieder zurück ins Meer geworfen wird, und laut vorliegenden Studien stirbt zwischen neunzig und hundert Prozent dieses ungewünschten »Beifangs« dabei. Die vorgelegten Schätzungen, die aus naheliegenden Gründen vorsichtig und ungenau sind, sprechen dafür, dass der Mensch heutzutage jährlich zwischen zwei und drei Billionen Meeresfische tötet. Zweitausend bis dreitausend Milliarden. Für jeden Menschen auf der Erde nahezu einen Fisch am Tag.

Von den Fischen, die behalten werden, landet außerdem nur ein Bruchteil auf dem Teller. Ein bedeutender Teil des Fangs, in Schweden rund sechzig Prozent, endet in Fabriken, wo er zermahlen und zu Pellets verarbeitet wird, die ihrerseits als Futter für andere Tiere zum Einsatz kommen. Für Schweine, Hühner und Nerze, aber auch Fische. Für einen einzigen Blauflossen-Thunfisch, der beispielsweise in einer Fischzucht in Japan groß wird, muss man die dreißigfache Menge seines Eigengewichts an Fisch fangen, um ihn damit zu füttern. Das ist eines der größten Paradoxa beim Fischen, insbesondere in Schweden. In der Ostsee werden jährlich riesige Mengen Hering gefangen und dann quer durch Skandinavien nach Norwegen geschickt, wo er den in großen Becken gezüchteten und künstlich rot gefärbten Lachs mästet, damit er fett und groß wird. Dann wird dieser Lachs in die umgekehrte Richtung geschickt, um in schwedischen Kühltheken zu landen.

Die größten Fischereischiffe, die heute die Ozeane durchqueren, sind schwimmende Großfabriken, die Fischschwärme mithilfe von Flugzeugaufklärung aufspüren und ihre riesigen Schleppnetze über den Meeresboden ziehen, sodass alles darunter stirbt – Fische, aber auch Muscheln, Austern, Schwämme, Algen, Krebstiere und Quallen. Man muss diese Herangehensweise vielleicht gedanklich an Land verlegen, um sie voll und ganz verstehen zu können. Es ist so, als würden wir Elche jagen, indem wir gigantische Netze kilometerweit durch den Wald ziehen, wobei jeder Baum, Busch und Pilz mit den Wurzeln herausgerissen und jeder Hase, Fuchs, jedes Reh oder Eichhörnchen mitgefangen und allein durch die Geschwindigkeit des Vorgangs getötet wird.

Erst in den letzten Jahrzehnten haben wir die Konsequenzen dieses Verhaltens wirklich verstanden. Dass das Meer nicht unerschöpflich ist. Dass Ismael und Thomas Henry Huxley sich geirrt haben.

Anfang der 1990er-Jahre entdeckte man plötzlich, dass der Kabeljau vor Neufundland fast vollständig verschwunden war. Kurz zuvor war es noch eines der besten Fischgewässer weltweit gewesen. Ende der 1960er-Jahre hatte man pro Jahr noch achthunderttausend Tonnen Kabeljau gefangen, knapp zwanzig Jahre später jedoch waren es nur noch zweitausend. Man konnte das gleiche Muster auch vor Cape Cod an der amerikanischen Ostküste erkennen, ebenso in der Ostsee, wo Anfang der 2000er nur noch ein Viertel so viel Kabeljau gefangen wurde wie noch in den 1980ern.

Und das betraf nicht nur den Kabeljau. 2003 veröffentlichte die Zeitschrift *Nature* einen Bericht, für den alle großen, kommerziellen Fischarten der Welt untersucht worden waren. Das Fazit war, dass alle Bestände seit den 1950er-Jahren um bis zu siebzig Prozent zurückgegangen sind, manche über neunzig.

Aufgeschreckt von diesen Entwicklungen traf man in den letzten Jahren zahlreiche politische Entscheidungen, regulierte die Fangquoten und gab genau vor, wie viel Tausende Kilogramm jedes Land von einer bestimmten Fischart fangen darf. Doch das Meer ist nach wie vor ein Ort ohne die Gesetze und Grenzen, die im Normalfall den Umgang des Menschen mit unserem Planeten regeln. Und nach wie vor ziehen die gewaltigen Fischfabriken ihre Grundschleppnetze durch die Weltmeere, auf der Jagd nach denjenigen Fischen, die trotz allem noch übrig sind.

~~~

Die noch im Meer lebenden Tiere werden mittlerweile nicht nur durch Jagd und Fischerei bedroht. Der Ausstoß an Kohlenstoffdioxid erwärmt das Meer nicht nur mit verheerenden Folgen, er macht es auch saurer. Man weiß, dass der pH-Wert des Meerwassers innerhalb von etwa zweihundert Jahren von 8,2 auf 8,1 gesunken ist. Das klingt zwar verschwindend gering, da die pH-Skala aber – genau wie zum Beispiel die Richterskala – logarithmisch ist, führt es in Wirklichkeit zu dramatischen Veränderungen. Das Meer ist heute ungefähr dreißig Prozent saurer (oder besser gesagt: weniger basisch) als noch vor der industriellen Revolution. Wenn es in diesem Tempo weitergeht, rechnet man damit, dass der pH-Wert am Ende dieses Jahrhunderts auf 7,8 gesunken sein wird, ungefähr einhundertfünfzig Prozent saurer als um das Jahr 1800.

In der Praxis bedeutet dies, dass viele Arten im Meer einfach aussterben werden. Experimente haben gezeigt, dass mindestens ein Drittel aller Arten bei einem Wert von 7,8 verschwindet. Man weiß, dass die Versauerung des Meeres ein maßgebender Faktor bei zwei der großen fünf Massenaussterben gewesen ist, die dem sechsten – das uns jetzt erwartet – vorangegangen sind. In einem saureren Meer werden Korallenriffe innerhalb einiger Jahrzehnte vollkommen ausgelöscht, Unmengen von Fischen,
~~~

Schwämmen, Krabben, Quallen und Walen werden aussterben. Arten, von deren Existenz wir noch nicht einmal wissen, werden verschwinden.

Und zeitgleich mit der Erderwärmung und dem Schmelzen des Arktiseises locken nun auch andere Möglichkeiten. Infolge der technischen Entwicklung entstehen neue Formen der Ausbeutung. Auf dem Grund der Tiefsee können fossile Brennstoffe und Minerale geerntet werden, riesige Flächen mit Tausenden Lebensformen werden in ein wüstes Bergwerk verwandelt. Zwischen 2016 und 2020 wurden allein in die Förderung fossiler Brennstoffe in der Arktis zweitausendsechshundert Milliarden Schwedische Kronen investiert. Immense Eingriffe stehen bevor, und unglaublicher Reichtum. In einer Zukunft, in der der Mensch endgültig die Kontrolle über den gesamten Planeten an sich gerissen hat, sogar über die größten Tiefen des Meeres, läuft er Gefahr, am Ende allein zurückzubleiben.

So hat das neugierige Erforschen des Meeres zu einer Störung des Gleichgewichts geführt, deren vollständige Konsequenzen heute noch niemand überblicken kann. Und es ist in verschwindend kurzer Zeit geschehen. War es vom Schicksal vorherbestimmt? War es unvermeidbar, dass der Mensch sich umso mehr als ein Defekt, eine Störung herausstellte, desto mehr es ihm gelang, die Welt zu entdecken, zu erobern und zu kartografieren und sich selbst von der Ordnung der Evolution zu befreien? Man sieht, was der Mensch alles verursacht hat, und fragt sich: Gehören wir überhaupt hierher?

Der lotende Mensch

Die Polynesier segelten also bereits über den Ozean, ehe sie wussten, ob es auf der anderen Seite überhaupt etwas gab. Sie lernten die Strömungen, den Wind, die Küstenseeschwalben und die Wellen zu verstehen. Vor allem aber lernten sie, wie man anhand der Sterne die geografische Breite eines Fahrzeugs bestimmt, also wo man sich in nordsüdlicher Richtung befindet, auch wenn man gerade nicht nach Landmarken navigieren kann. Griechische und arabische Seefahrer entwickelten das Astrolabium, mit dem man diese Position immer exakter zu lesen lernte. Im Zeitalter der europäischen Expansion segelten Kolumbus, Vasco da Gama und Magellan mithilfe von Kompass und Seekarten sowie klugen Navigatoren, die die Erkenntnisse und Erfahrungen früherer Seefahrer zu nutzen wussten. Man blickte zum Polarstern oder zum Kreuz des Südens hinauf und wusste ziemlich genau, wann man ein wenig nach Norden oder Süden beidrehen musste.

Mit der geografischen Länge tat man sich noch geraume Zeit viel schwerer. Die Position in ostwestlicher Richtung ließ sich nicht einfach anhand der Position der Himmelskörper bestimmen. Erst im achtzehnten Jahrhundert, nach Beginn der Aufklärung, wurde in Europa der Sextant erfunden, mit dem man anhand wiederholter Messungen und indem man Tabellen und zuverlässige Uhren zurate zog, auch die geografische Länge bestimmen konnte. Auf diese Weise und dank immer detaillierterer

Karten, Seekarten und Kompasse konnte man sich allmählich eine genauere Vorstellung davon machen, wo man sich gerade befand, selbst wenn man auf dem offenen Meer unterwegs war.

Im neunzehnten Jahrhundert hatten die Seefahrer bereits einen recht guten Überblick darüber, wie das Meer sich verhielt und wie man sich darauf zurechtfand. Dennoch handelte es sich um ein lediglich zweidimensionales Verständnis. Sie kannten die Oberfläche des Meers, doch was sich darunter verbarg, war ihnen nach wie vor fremd. Wie es in der Tiefe oder gar auf dem Meeresgrund aussah, davon hatte man keine Ahnung, denn was kann man über etwas wissen, dem man sich nicht einmal angenähert hat?

Das Meer macht rund siebzig Prozent der Erdoberfläche aus. Natürlich ist es nicht überall tief, doch selbst wenn man von küstennahen, flacheren Gebieten absieht, bleibt immer noch mehr als die Hälfte der Erdoberfläche übrig. Mehr als die Hälfte der Erde ist also von gewaltigen Wassermassen bedeckt und befindet sich dadurch in ewiger pechschwarzer Finsternis. Dort unten gibt es Lebewesen, die in der gesamten Evolutionsgeschichte nicht ein einziges Mal die Sonne gesehen oder den ständigen Rhythmus der Erde von Morgendämmerung und Abenddämmerung erlebt haben. Es ist dort so dunkel und unzugänglich und vollkommen finster, dass es dem Tode gleicht.

Woher wissen wir also heute, wie es dort aussieht? Woher wissen wir überhaupt, wie tief das Meer ist?

Zunächst gab es die Lotstange. Einen geraden, etwa drei Meter langen Stab, mit dem man vom Boot aus den Meeresgrund ertasten konnte. Für die küstennahen Seereisen, die zunächst üblich waren, war sie ein lebenswichtiges Instrument. Ein Lotse stand am Bug und stieß die Stange ins Wasser, spürte den Widerstand des felsigen Bodens und wusste daraufhin, wann es Zeit wurde, langsamer zu fahren oder umzukehren. Man reichte damit ein paar Meter unter die Oberfläche und konnte ertasten, was man mit dem Auge nicht mehr sehen konnte. Viel weiter hinab reichte auch das Wissen damals noch nicht.

Nach einer Weile begann man, mit Leine und Senkblei zu loten. Einer stand an Deck und blickte aufs Meer hinaus, die Leine in der Hand und am Ende der Leine ein Senkblei, das er ins Wasser hinabließ. Ein aus Blei gegossener Tropfen, dazu gemacht, um zu fallen, zunächst eine Art stromlinienförmiger Zylinder, dann spulenförmige Konstruktionen mit kleinen Flügeln an den Seiten, die wie fantasievolle Mondraketen aussahen. Man ließ die Leine durch die Hände gleiten, und das Senkblei fiel immer schneller durch das Dämmerlicht des Meers, bis es auf Grund traf. Ein schwacher Stoß, der sich durch die Leine bis in die Hand und in den Körper des Lotenden fortpflanzte. Ein Gefühl, eine Sinneswahrnehmung, die den Menschen an Deck mit einem Ort verband, dem sich noch nie jemand genähert hatte. Anschließend maß man die Leine und damit die Tiefe aus und bekam eine Vorahnung dessen, was es da unten gab: einen einsamen, aber messbaren Punkt, an dem man seine Vorstellung vom Unbekannten festmachen konnte.

Das Senkblei wurde zum Messen auf ganz bestimmte Weise eingeholt: Mit jedem Zug maß man die Leine zwischen den ausgestreckten Armen. Eine Armspanne wurde als Faden bezeichnet, was sich in der Folge als die übliche Maßeinheit für Wassertiefe etablierte. Ein Faden entspricht drei Ellen oder sechs Fuß, also ungefähr hundertachtzig Zentimetern, was wiederum der üblichen Tiefe eines Grabs entspricht.

Die Methode wurde offenbar schon früh angewendet. In der Apostelgeschichte des Lukas wird berichtet, wie Paulus auf dem Mittelmeer in Seenot gerät und die Besatzung das Lot auswirft, um nicht auf Grund zu laufen. »Als wir schon die vierzehnte Nacht auf der Adria trieben, merkten die Matrosen um Mitternacht, dass sich ihnen Land näherte. Sie warfen das Lot hinab und maßen zwanzig Faden; kurz danach loteten sie nochmals und maßen fünfzehn Faden.«

Mit der Zeit entwickelte sich die Technik. Man begann Markierungen aus unterschiedlichem Material an der Leine zu befestigen, um das Ablesen zu erleichtern. Zwei schmale Lederstreifen bedeuteten zwei Faden. Ein Stück weißes Segeltuch fünf Faden. Man konnte Flaggenstoffe in unterschiedlichen Farben verwenden oder Lederstreifen mit Löchern darin. Wichtig war, die Tiefe sowohl bei Tag als auch bei Nacht bestimmen zu können, wenn man im Dunkeln die Leine nur abtasten konnte.

Lange ging es vor allem darum, einigermaßen sicher an den Küsten entlangnavigieren zu können, doch bald begann man, auch auf offener See und in tieferem Wasser zu loten. Zu welchem Zweck? Welche Bedürfnisse wollte man befriedigen, wenn man das Senkblei ins tiefblaue Meer warf?

Man begann Talgstücke am Senkblei zu befestigen, sodass Bodensediment daran hängen blieb und mit zurück an die Oberfläche kam. So gelangte man zu ersten Erkenntnissen darüber, wie der Meeresboden beschaffen war, wie es sich dort unten tatsächlich anfühlte und wie es aussah. Man begann Hanfseile und immer schwerere Gewichte zu benutzen und konnte sein Lot bald mehrere Hundert Meter in die Tiefe senken. Immer weiter drang man vor, und dieses Loten entwickelte sich bald zu noch etwas anderem. Die Menschen warfen das Blei nicht mehr nur aus, weil es für die Seefahrt notwendig war, sondern auch, um etwas herauszufinden. Um mit dem in Kontakt zu kommen, was außerhalb der Reichweite ihrer Sinne lag. Denn das Wissen darum, dass es das Unbekannte gibt, ist an sich unerträglich.

Entdeckungsreisende etwa loteten, um eine mehrdimensionale Vorstellung ihres Forschungsgegenstandes zu bekommen. Ferdinand Magellan warf sein Senkblei im Pazifik aus, ein Stück vor dem Tuamotu-Archipel in Französisch-Polynesien. Es war der erste bekannte Versuch, auf offener See die Meerestiefe zu messen, und obwohl die Leine siebenhundertfünfzig Meter lang war, stieß das Blei nicht auf Grund. Eine so enorme Tiefe, meinte Magellan, müsse die gewaltigste aller Weltmeere sein. Sie sei schlicht nicht messbar.

Lange Zeit schien es tatsächlich unmöglich, die wirklich großen Meerestiefen zu ergründen. Erst zu Beginn des neunzehnten Jahrhunderts, also mehr als dreihundert Jahre nach Magellans Reise, drang man mehrere Tausend Meter weit hinab, und erst da wurde den Menschen bewusst, welche Tiefen sich tatsächlich unter der Meeresoberfläche verbargen. Im Zuge einer Expedition in die Antarktis warf der englische Seefahrer und Entdecker Sir James Clark Ross 1839 sein Senkblei aus und maß viertausenddreihundert Meter bis zum Grund. Eine Tiefe, so stellte er fest, »kaum geringer, als der Mont Blanc hoch ist«.

In den darauffolgenden Jahrzehnten nahm die Tiefsee-Erforschung endgültig Fahrt auf, und man entwickelte die Technik weiter. Man begann Klavierdraht statt Hanfseilen zu verwenden, benutzte Dampfmaschinen, um die Leine einzuholen, und befestigte Propeller sowie ein Messinstrument am Senkblei, um bereits während des Herabsenkens Messungen vornehmen zu können.

Dennoch handelte es sich noch um keine exakte Wissenschaft. Je tiefer man lotete, desto ungenauer wurden die Ergebnisse. Senkte man das Blei mehrere Tausend Meter hinab, wurde die Leine selbst so schwer, dass sie weitersank, obwohl das Blei den Grund bereits erreicht hatte. Bewegte das Schiff sich gleichzeitig über die Meeresoberfläche, war es darüber hinaus beinahe unmöglich, sicherzustellen, dass die Tiefe auch wirklich senkrecht nach unten gemessen wurde.

Mitte des neunzehnten Jahrhunderts hatte dennoch eine Vielzahl von Schiffen damit begonnen, auf ihren Fahrten regelmäßig Lotungen durchzuführen, und eine Art kollektive Datenbank zum Wissensstand über den Meeresgrund nahm Form an. Die Seekarten wurden mit immer mehr Tiefenangaben versehen, einzelne Punkte wurden zu einer langsam sichtbar werdenden Kontur zusammengefügt, über das, was sich unter der Oberfläche verbarg. Es war eine anstrengende und sehr zeitaufwendige Arbeit. So konnte eine einzige Tiefenmessung mehrere Stunden dauern und ergab am Ende doch nicht mehr als ein Pixel in einem riesigen und lange Zeit unüberschaubaren Bild. Als der amerikanische Wissenschaftler Matthew Fontaine Maury 1854 alle bekannten Lotungsergebnisse im Atlantik zusammenstellte, waren es trotz aller Bemühungen nicht mehr als einhundertachtzig Punkte. Nur an diesen paar Punkten im gesamten Atlantik wusste man zu jener Zeit, wie tief es dort war.

Etwas mehr waren es bereits, als das britische Schiff HMS Challenger sich im Dezember 1872 auf die bis dahin umfassendste Meeresexpedition begab. Vom Hafen im englischen Portsmouth aus und mit rund zweihundertfünfzig Wissenschaftlern, Offizieren und Seeleuten an Bord, segelte sie aufs Meer hinaus, um in den darauffolgenden knapp zwei Jahren fünfmal den Atlantik und jeweils einmal den Pazifik und den Indischen Ozean zu überqueren. Einhundertdreißigtausend Kilometer wurden dabei zurückgelegt, und es wurden sowohl der Mittelatlantische Rücken als auch der etwa elftausend Meter tiefe Marianengraben im Pazifik zwischen Japan und Neuguinea entdeckt. Mehr als viertausend im Meer lebende Arten wurden gefangen und beschrieben, die kein Mensch zuvor zu Gesicht bekommen oder von denen man auch nur gewusst hatte, dass es sie gab. Es war eine Reise, die in vielerlei Hinsicht den Grundstein für die moderne Ozeanografie legte: des Wissens um die physische, chemische, geologische und biologische Beschaffenheit des Meers. Doch bezüglich seiner Tiefe war es vor allem eine Reise, die bestätigen sollte, welch hoffnungslose Sisyphusarbeit es erforderte, diesen gewaltigen, aber fast gänzlich unerforschten Teil der Erde kennenzulernen.

Vierhundertzweiundneunzig Tiefseelotungen wurden während des beinahe zwei Jahre andauernden Einsatzes der HMS Challenger auf dem Meer vorgenommen. Vierhundertzweiundneunzigmal wurde das Senkblei hinabgelassen und die Tiefe gemessen. Und trotz dieser Mühen und der stundenlangen Arbeit konnte man am Ende nicht einmal fünfhundert kleine Punkte auf der riesigen Karte über die Meerestiefe vermerken, die deshalb weiterhin vor allem ein unbekanntes tiefblaues Nichts zeigte.

Bevor in den 1930er-Jahren das moderne Echolot erfunden wurde und man beginnen konnte, die Tiefe mithilfe von Tonsignalen systematischer zu erfassen, bestanden die Seekarten über sämtliche Weltmeere aus zusammengenommen etwa fünfzehntausend Lotpunkten. Fünfzehntausend Tiefseemessungen hatten all die Tausenden von Seefahrern im Laufe der Jahre durchgeführt, um zu dem gemeinsamen Bild über die große unbekannte Welt, die sich unter ihnen erstreckte, beizutragen. Im Durchschnitt bedeutete das eine Lotung, einen einzigen kleinen Punkt, pro fünfzehntausend Quadratkilometer Fläche. In Anbetracht dieser Größe waren es nur ein paar vereinzelte Einblicke in ein immer noch unüberschaubares Ganzes.

∼∼∼

Was glaubte man vor Erfindung der Tauchanzüge, der U-Boote und des Echolots, was sich dort unten verbarg? Bevor sich der Mensch mehr als ein paar Meter unter die Meeresoberfläche wagte? Was dachte man über die unerreichbare Tiefe?

Zunächst war es natürlich ein Ort der Fantasie. Wo das Wissen aufhört, übernimmt die Vorstellungskraft. Oft war es deshalb ein Ort Furcht einflößender Wesen. In der nordischen Mythologie etwa gibt es den Kraken, ein riesiges Monster, das oft als gewaltiger Tintenfisch beschrieben wird, der schlafend auf dem Meeresgrund liegt, manchmal jedoch zum Leben erwacht und an die Oberfläche steigt. In der japanischen Mythologie gibt es Isonade, ein haiähnliches Monster mit hakenförmigem Schwanz, dem zu begegnen kein Mensch überlebte. Im Alten Testament wird vom Leviathan berichtet, einem metaphorischen Seeungeheuer, das für alles Fremde steht, was sich im Meer verbirgt. Eine riesige, im Wasser lebende Schlange, ein Drache oder Wal als Symbol für das unergründlich Böse, aber auch für das Meer selbst, dieses Meer, das Gott bereits am zweiten Schöpfungstag vom Land getrennt hat, wie er die Dunkelheit vom Licht trennte.

Diese Monster sind Symbole, die nicht nur mythologisch und religiös bedeutsam waren, sondern auch für die kulturelle Ausformung der Welt. Nicht zuletzt dienten sie als Metaphern für das Unergründliche, das sich sowohl im Meer als auch im menschlichen Innern regt. Der gewaltige Tintenfisch, den Kapitän Nemo in Jules Vernes *Zwanzigtausend Meilen unter dem Meer* von seinem U-Boot Nautilus aus bekämpft, ist natürlich der Krake, der wieder einmal in der Tiefe erwacht ist. Der Leviathan feiert seine Auferstehung in Herman Melvilles Roman *Moby-Dick* als gigantischer weißer Pottwal, den Kapitän Ahab auf seinem Walfänger Pequod in rachsüchtiger Besessenheit durch alle Weltmeere verfolgt. Dieser Wal, der Ahab einst ein Bein abgerissen hat und der dadurch zum alles vernichtenden Symbol für die Dunkelheit wird, die der Kapitän in sich trägt, dieser Wal, der sich, als er endlich auftaucht, als unbesiegbar erweist, genau wie Job es in der Bibel über den Leviathan vorhergesagt hat. Und natürlich ist es dasselbe symbolische Monster, der Leviathan, das im Film *Der weiße Hai* unter dem Schiff Orca auftaucht, als Kapitän Quint vor der Jagd genau das Lied anstimmt, das auch die Schiffsbesatzung in *Moby-Dick* singt: »Farewell and adieu to you, fair Spanish ladies, farewell and adieu to you, ladies of Spain ...«

Die Tiefe des Meers ist schon allein deshalb immer ein Ort für Metaphern und mythologische Monster geblieben, weil es noch immer so stark für das Unbekannte und Unerforschte steht, und das auch im wissenschaftlichen Sinne.

Wenn wir uns also bewusst machen, dass das Meer mehr als siebzig Prozent der Erdoberfläche einnimmt, dann ist dies immer noch lediglich eine zweidimensionale Beobachtung. Nimmt man die Tiefe hinzu, macht es mehr als neunzig Prozent unserer gesamten Biosphäre aus, das heißt des Bereichs der Erde, in dem Leben möglich ist. Das Meer ist so groß, so umfassend und unzugänglich, dass es nicht nur den gesamten Planeten prägt, sondern auch die Voraussetzungen für eine nahezu unendliche Anzahl potenzieller Lebensformen schafft.

Und dieses *potenzielle* Leben ist seit jeher Gegenstand von Spekulationen und Vorstellungen gewesen. Zu Beginn war es eher eine existenzielle Frage. Gibt es überhaupt Leben dort unten? In der vollkommenen Dunkelheit, in der Kälte, der Stille und unter dem unermesslichen Druck. Kann da überhaupt etwas existieren? Kein Ort könnte doch unzugänglicher und unwirtlicher sein, oder?

Innerhalb der Wissenschaft war es lange umstritten, und erst im Laufe des neunzehnten Jahrhunderts konnte man beweisen, dass es wirklich eine Art Leben in den Tiefen des Meeres gibt. Der britische Polarforscher Sir John Ross ließ 1818 während einer Expedition in den arktischen Gewässern seine Lotleine beinahe zweitausend Meter hinab und erreichte das Sediment am Meeresboden. Im salzigen Schlamm, den er ans Tageslicht holte, wand sich eine Art Würmer. »Wodurch«, schrieb Ross, »bewiesen wäre, dass es am Grund des Meers Leben gibt.«

1860 untersuchte das amerikanische Schiff Bulldog die Möglichkeiten, ein Telegrafenkabel zwischen den Färöern und Labrador zu verlegen, und ließ eine Lotleine hinab, die das Senkblei in mehr als zweitausendzweihundert Meter Tiefe über den Grund schleifte. Als es heraufgezogen wurde, klammerten sich dreizehn Seesterne daran fest. »Mit diesen Seesternen«, so die Wissenschaftler an Bord, »hat die Tiefe uns die lang ersehnte Antwort gegeben.« Im selben Jahr wurde ein Telegrafenkabel aus mehr als zweitausendachthundert Meter Tiefe aus dem Mittelmeer heraufgeholt, und es zeigte sich, dass es von Schnecken und Korallentieren besetzt war, die daran festgewachsen waren.

Und so wissen wir heute, dass auch in der kalten und ewigen Nacht auf dem Meeresgrund viele verschiedene Lebensformen existieren. Allerdings bleibt es trotz der wissenschaftlichen Methoden zur Erforschung dieser unzugänglichsten Orte der Welt im Großen und Ganzen ein Rätsel, was genau dort unten eigentlich lebt. Man geht davon aus, dass etwa achtzig Prozent der Weltmeere nach wie vor vollkommen unerforscht sind, gewaltige Teile der Erde, die vom Wasser verborgen und damit der Wissenssphäre des Menschen entzogen sind. Gegenden, die noch nie jemand zu Gesicht bekommen hat, die nie erforscht oder beobachtet wurden. Noch heute sind dies die Orte, auf die unsere Neugier sich richtet, Orte, die sich unserer sinnlichen Wahrnehmung seit jeher entziehen.

Im Oktober 2010 wurden in London die ersten Ergebnisse des Forschungsprojekts Census of Marine Life präsentiert. Zehn Jahre lang hatten mehr als zweitausendsiebenhundert Wissenschaftler aus mehr als achtzig Ländern versucht, das Leben im Meer zu erfassen. Fünfhundertvierzig Expeditionen hatten sich auf die Weltmeere hinausbegeben, und was sie gefunden hatten, war ziemlich sensationell. Im ersten zusammenfassenden Bericht konstatierten die Wissenschaftler, dass es inzwischen gelungen sei, insgesamt etwa zweihundertfünfzigtausend im Wasser lebende Arten zu finden und zu beschreiben. Von kleinen Krabben bis hin zu riesigen Walen. Der Census of Marine Life hatte zu diesem Ergebnis beigetragen, indem er auf seinen Expeditionen mehr als zwölfhundert zuvor unbekannte Arten entdeckt und beschrieben sowie weitere fünftausend lediglich gefunden, aber noch nicht wissenschaftlich katalogisiert hatte. Die Forscher hatten eine Garnele gefunden, von der die Wissenschaft gedacht hatte, dass sie seit fünfzig Millionen Jahren ausgestorben wäre, sowie einen bis dahin unbekannten großen Tintenfisch und ein mehrzelliges Tier, das gänzlich ohne Sauerstoff am Meeresgrund lebte.

Doch das Sensationellste war eigentlich, was die Wissenschaftler *nicht* gefunden hatten. Ausgehend von ihren Daten schätzten sie nämlich, dass diese zweihundertfünfzigtausend bekannten und wissenschaftlich erfassten Arten sich den Lebensraum mit etwa siebenhundertfünfzigtausend weiteren, noch unentdeckten Arten teilten. Lebensformen, die kein Mensch je zu Gesicht bekommen hatte. Siebenhundertfünfzigtausend Fische, Garnelen, Algen und Schwämme, die uns vollkommen unbekannt sind. Offenbar gibt es noch eine Welt voller Leben dort unten, die wir uns nur mit viel Fantasie vorstellen können.

Ein gutes Jahrzehnt später ist die Mehrheit dieser geheimnisvollen potenziellen Lebensformen nach wie vor unbekannt. Trotz der wissenschaftlichen Fortschritte, trotz unseres Anspruchs, die ganze Welt zu vermessen, scheint das menschliche Wissen nach wie vor irgendwo in der Brandung zu enden. Wahrscheinlich wissen wir mehr über die Oberfläche des Mars als darüber, was in den entlegensten Meerestiefen lebt. Wir wissen so wenig, dass wir nicht einmal wissen, was wir *nicht* wissen. Wir können nur vermuten – wie die amerikanische Meeresbiologin und Schriftstellerin Rachel Carson in ihrem Buch *Geheimnisse des Meeres* schreibt –, »dass in den unteren stürmischen Abgründen des Meeres weit größere Rätsel verborgen sind als irgendwelche, die wir bisher gelöst haben«.

~~~

Und genau das ist wahrscheinlich der Grund, weshalb Menschen immer wieder Lotungen unternommen haben. Auch dort, wohin man nicht reisen konnte, wollte man sich in irgendeiner Weise hinbegeben. Auch was man nicht sehen oder spüren konnte, wollte man auf irgendeine Weise erleben. Man hat gelotet, weil es die einzige Möglichkeit war, seine Neugier zu stillen, in Kontakt mit dem am allerweitesten Entfernten und Fremden zu kommen. Der lotende Mensch ist der suchende Mensch. Das ist es, worum es bei diesem ewigen Leine-und-Senkblei-Hinablassen vor allem ging: die beharrliche Suche nach Wissen. Das ist es, was die fünfzehntausend manuell geloteten Tiefseemessungen, mit denen die Seekarten einst gespickt waren, zu allererst bewiesen: den Trieb des Menschen, seine Umwelt zu erforschen und die verborgenen Plätze der Welt zu beschreiben. Seine Neugier.

Sicherlich eine Neugier, die sich nicht allein nach außen rich-
~~~

tet, auf das Entlegene und Fremde. Manch einer würde vielleicht sogar behaupten, der lotende Mensch sei vor allem einer, der versucht, sich selbst und seinen Platz in der Welt zu begreifen.

Als die Walfänger in *Moby-Dick* vor der Abreise einen Gottesdienst besuchen, spricht der Priester über Jona. Hoch über ihnen auf der Kanzel, ganz vorn in dem Bereich des Kirchengebäudes, der gewöhnlich mit einem Schiff verglichen wird, predigt der Priester von der unendlich weisen Aussage über den Menschen und das Leben, die in der Geschichte von Jona und dem Wal zum Ausdruck kommt. »Und doch, welche Tiefen der Seele lotet Jonas Senkblei aus!«, sagt er.

Es ist ein Bild dafür, was der lotende Mensch tut. Er lässt seine Lotleine nicht nur auf den Meeresgrund, sondern auf den Grund seiner Seele hinab. Was er dort zu finden hofft, ist nicht unbedingt etwas Messbares, sondern eher etwas, das der Existenz selbst Sinn und Substanz verleiht. Das Meer lockt und verzaubert mit seiner Tiefe, weil es unsere eigene rätselhafte Tiefe widerspiegelt. Ismael, der Erzähler in *Moby-Dick,* vergleicht es mit der Legende vom Narziss, der sich zu seinem Spiegelbild in der Quelle hinabbeugt. »Doch nämliches Bild sehen wir selbst in allen Strömen und Meeren. Es ist das Bild des unbegreiflichen Phantoms des Lebens, und darin liegt der Schlüssel.«

Dennoch scheint mir, dass derjenige, der lotet, sich nicht in erster Linie nach innen wendet, im Gegenteil. Wer sein Senkblei in die Tiefe hinablässt, sucht zuallererst Wissen, doch dieses Wissen ist nicht viel wert, wenn er es nicht mit dem Wissen anderer verbindet. Der einzelne Messpunkt auf der Seekarte bringt einem nicht viel. Was die Geschichte des Lotens vor allem zeigt, ist, dass das neugierige Wissen-Sammeln der Menschen immer auch eine kollektive Bemühung war. Und dass der uralte Drang, zu forschen und zu beschreiben, zu einer beharrlichen Zusammenarbeit geführt hat, die sich sowohl über Generationen als auch über Kontinente erstreckt.

Der lotende Mensch, allein auf dem offenen Meer und zugleich Teil einer fortlaufenden, gemeinsamen Bewegung. Einer, der sein Senkblei in die Dunkelheit und ins Unbekannte hinablässt, um dort auf Grund zu stoßen, einen Grund, der fest und greifbar und doch auch in gewisser Weise allgemein ist; der Grund aller und von allem. Einer, der den schwer zu definierenden und dennoch vorhandenen Sinn sucht, der sich wie eine Meeresströmung weit unter der Oberfläche durch die menschliche Existenz zieht. Um selbst Teil von etwas Größerem und Beständigerem zu werden: Teil einer Menschlichkeit. Weil das, was eines Menschen Grund ist, auch den Grund in anderen Menschen bildet.

Mir scheint auch, dass es nicht so sehr etwas über den Menschen aussagt, *was* wir wissen, sondern, *wie* wir es wissen. Bevor die modernen Instrumente erfunden wurden, wussten wir ungefähr, wie tief das Meer ist, weil Menschen über Hunderte von Jahren an verschiedenen Stellen des Ozeans ihr Senkblei hinabgelassen und die Länge der Leine gemessen haben, worauf man den entsprechenden Wert auf einer Karte eintrug, die mit jedem neuen Punkt das kollektive Wissen über das Meer veränderte und erweiterte.

In diesem Sinne ist die Geschichte des Lotens zugleich auch eine Geschichte der Wissenschaft; darüber, wie Wissenschaft funktioniert und wie Wissen entsteht, bewahrt und weitergegeben wird. In den fünfzehntausend Messpunkten erkennen wir fünfzehntausend Versuche, die Welt mittels der Methode zu begreifen, auf die sich im Grunde jede Wissenschaft stützt: Beobachtung und Überprüfung sowie darauf, ständig neue Fragen zu stellen – zu dem, was wir noch nicht vollständig erklären können. Jedoch nicht etwa in der Sehnsucht nach einem Abschluss, nach erschöpfender Erkenntnis, sondern als Teil eines fortlaufenden Prozesses.

Für den wissenschaftlich denkenden Menschen muss die Welt ja in erster Linie messbar sein. Denn das, was wir beobachten, wiegen, messen und beschreiben können, ist das, was wirklich ist. Es ist das, was Bedeutung trägt. Und es ist das, weswegen wir immer weiter damit fortfahren, die Welt zu vermessen und unser Senkblei ins Dunkel hinabzulassen, den Blick fest auf die Markierungen der Lotleine gerichtet. Um etwas herauszufinden. Jedoch nicht, um alles zu wissen, sondern um sicherzugehen, dass die Welt sich weiterhin vermessen lässt.

So etwas wie einen harten, beständigen Kern der Wahrheit, der sich unter allen Schichten aus Fakten und Beobachtungen verbirgt, gibt es nicht. Wissenschaft ist eher das, was man sieht, wenn man einen Stein ins Meer wirft. Ein Muster von Ringen, die sich in größer werdenden Wellen zum Unbekannten hin ausbreiten.

Sie ist auch nichts, woran man glauben kann. Wer sagt, dass er nicht an die Wissenschaft »glaubt«, begeht einen grundsätzlichen Denkfehler. Wissenschaft ist eine Art und Weise, sich zur Wahrheit zu verhalten, sie ist nicht die Wahrheit selbst. Die Wissenschaft ist eine fortwährende Überprüfung, eine Denkweise und eine konstante Infragestellung. In diesem Sinne ist Wissenschaft das genaue Gegenteil der festen, unerschütterlichen Überzeugung.

Und aus diesem Verständnis ergibt sich auch die Einsicht, dass das bisher noch Unbekannte und Rätselhafte in keiner Weise die Wissenschaft bedroht. Eher im Gegenteil. Eine wissenschaftliche Verhaltensweise zur Welt beginnt mit dem Staunen über das Rätselhafte und geht über zu der Fähigkeit, Fragen daran zu stellen. Die Wissenschaft ist ein Mechanismus, der ständig in Bewegung ist, eine Methode, um die eigenen Gedanken und Ideen mit dem Beobachtbaren abzugleichen. Eine wissenschaftliche Einstellung bedeutet, immer weiter Fragen zu stellen und dabei keine andere Antwort zu erwarten als eine neue Frage.

Und was tut der lotende Mensch anderes als genau dies? Was tut derjenige, der auf offener See an Deck steht und sein Senkblei in Tiefen hinablässt, die er weder sehen noch spüren kann, was tut er anderes, als eine Frage zu stellen? Nicht die größte Frage, nicht die letzte oder entscheidende Frage. Nur eine Frage unter unzähligen anderen, die vorher waren und noch kommen werden. Denn wenn es um das Meer geht, können wir nur eins sicher wissen: Es wird uns immer Raum für weitere Fragen lassen.

Der schottische Bäcker

Woher kommt die Neugier? Was bringt manche Menschen dazu, Richtung Horizont zu segeln oder ihr Lot an Orte hinabzulassen, die anders nicht erreichbar sind? Welches Bedürfnis wird durch dieses andauernde Forschen und Beschreiben befriedigt, durch all diese Fragen mit oder ohne Antworten?

Die einfache Erklärung lautet, dass die Evolution uns mit Neugier ausgestattet hat, weil sie uns hilft, überlebensnotwendige Dinge zu lernen, weil sie uns antreibt, immerzu nach dem Besseren zu streben. Die Neugier ist ein lebenswichtiger Motor sowohl für unsere individuelle Entwicklung als auch für die Fortschrittsgeschichte des Menschen als Art.

Doch das erklärt natürlich noch nicht, wieso sie den Menschen von Zeit zu Zeit dazu treibt, sich großen Gefahren und Unannehmlichkeiten auszusetzen. Es erklärt nicht, wieso die Menschen niemals aufhören, Fragen zu stellen, ohne einen anderen Lohn als das Wissen selbst zu erwarten.

Die Wahrheit ist wohl, dass es unterschiedliche Arten von Neugier gibt und dass das, was einen Menschen antreibt, meist nicht so leicht zu fassen ist. In der Psychologie unterscheidet man zum Beispiel zwischen perzeptueller und epistemischer Neugier. Die perzeptuelle Neugier ist im Grunde das Interesse, das sowohl Menschen als auch Tiere gegenüber neuen Dingen, Eindrücken oder Erlebnissen an den Tag legen. Sie ist eine Reaktion auf etwas, eine erhöhte Aufmerksamkeit. Es ist die Neugier des Kleinkinds angesichts eines neuen Spielzeugs oder die eines Schimpansen, dem man eine Kamera oder ein Handy in die Hand drückt. Sie ist das Bedürfnis, diesem Neuen und Unbekannten nah zu sein, es zu untersuchen und kennenzulernen, es auf irgendeine Weise zu verstehen und dadurch zu beherrschen. Es ist auch die Form von Neugier, die rasch abnimmt – und zwar in dem Maße, wie das Unbekannte bekannter wird.

Die epistemische Neugier ist dagegen etwas anderes und etwas mehr. Sie ist das zwingende Bedürfnis, Wissen zu erwerben, nur um die Unsicherheit auszumerzen. Sie ist der Wunsch, um des Verstehens willen zu verstehen. Die epistemische Neugier wird sowohl von der Lust, also dem lustvollen Erlebnis getrieben, etwas Neues zu lernen, als auch von der Angst, also der unerträglichen Einsicht, dass weiterhin Unbekanntes existiert. Es ist eine Art Liebe zum Wissen an sich, unabhängig von irgendwelchem Nutzen oder Gewinn.

Es gibt offensichtlich Menschen, die einfach wissen *müssen*, weil die Alternative ihnen so viel schlimmer erscheint als alles, was die Suche nach Wissen ihnen abverlangen könnte. Und dabei handelt es sich nicht notwendigerweise um diejenigen Menschen, nach denen die großen Durchbrüche und Entdeckungen benannt sind. Es ist nicht gewiss, dass Kolumbus, Magellan, Heyerdahl oder auch die amerikanischen Astronauten diese Art Neugier am ehesten repräsentieren. Vielleicht sind es vielmehr die wesentlich unbekannteren, wie etwa Robert Dick, ein erfolgloser Bäcker im Schottland des neunzehnten Jahrhunderts, der eines Tages einen Stein entdeckte, welcher viele Jahre später unsere Sicht auf die Entstehung des Lebens selbst verändern sollte.

Robert Dick ist nur eine Schattengestalt in der Geschichte der Naturwissenschaft, dennoch denke ich unweigerlich an ihn, wenn ich an Wissenschaft, das Erforschen und die menschliche Neugier denke. Nicht so sehr aufgrund dessen, *was* er fand, sondern, *wie* er es fand. Nicht so sehr wegen dem, was er erreichte, sondern wegen dem, der er tatsächlich war.

~~~

Robert Dick wurde im Januar 1811 in der Kleinstadt Tullibody mitten in Schottland geboren. Sein Vater, Thomas Dick, war Brauereiinspektor. Seine Mutter, Margaret Gilchrist, starb kurz nach der Geburt ihres jüngsten Sohns James und ließ ihren Mann mit vier Kindern allein zurück. Sie lebten in einem zweistöckigen roten Haus mitten im Ort, die waldreiche Berglandschaft Ochil Hills als Kulisse und den Fluss Devon gleich um die Ecke. Die vier Geschwister besuchten die örtliche Grundschule, und bald stellte sich heraus, dass Robert ein begabter Schüler war. Sobald er lesen konnte, verschlang er alle Bücher, die er finden konnte, und er schien ein außergewöhnliches Gedächtnis zu haben. Er interessierte sich vor allem für Sprache und hatte hier eine besondere Gabe. Wenn er in der Schule etwas angestellt hatte, gab sein Lehrer McIntyre ihm zur Strafe immer ein paar Gedichte zum Auswendiglernen auf. Doch Robert lernte diese Gedichte so schnell und rezitierte sie so unbeschwert und elegant, dass es bald nicht mehr als Strafe taugte. Als er mit Latein begann, machte er so rasche Fortschritte, dass Mr McIntyre seinen Vater Thomas anflehte: Dieser Junge muss an die Universität und studieren!

Vielleicht war das damals auch Robert Dicks eigener Traum: lesen und lernen zu dürfen und die Welt zu erforschen. Seine Wissbegierde zu seinem Beruf zu machen. Vielleicht begann er, sich eine Zukunft irgendwo anders vorzustellen, ein anderes
~~~

Leben unter anderen Bedingungen. Falls es so war, sollte sich dieser Traum jedoch bald zerschlagen.

1821, als Robert zehn Jahre alt war, heiratete Thomas Dick die Tochter des Brauereichefs, für den er arbeitete. Aufgrund der Hausregeln musste er daraufhin den Arbeitsplatz wechseln, und die Familie zog ins nahe gelegene Dorf Dam's Burn, wo Thomas Dick in einer Whisky-Destillerie zu arbeiten begann. Robert Dick kam auf eine neue Schule und zu einem neuen Lehrer, einem einarmigen, verbitterten Mann namens Mr Morrison, dem Disziplin und Ordnung wichtiger waren als die Neugier und Entdeckungslust seiner Schüler. Thomas Dick und seine neue Frau bekamen weitere Kinder, Robert also Halbgeschwister, und etwas geschah in der Familie. Es kam zu einem Konflikt, einem Eifersuchtsdrama, und eine unheilvolle Stimmung prägte fortan die Atmosphäre im Haus. Es war wie im klassischen Märchen, so zumindest beschrieb Robert Dick es später: die böse Stiefmutter, der Vater, der sich aus allem heraushielt, ein Leben, das eine schicksalhafte Wendung nahm und sich in eine ungute Richtung entwickelte.

Demotiviert in der Schule und unglücklich zu Hause, begann Robert Dick, immer mehr Zeit draußen in der Natur zu verbringen. Er unternahm lange einsame Wanderungen in den Wäldern um Ochil Hills. Er kletterte auf Felsen und spielte an Bächen, beobachtete Vögel und Pflanzen. So entstand seine Liebe zur Naturwissenschaft. Er begann Steine zu sammeln, die er untersuchte und in einer Kollektion zusammenstellte und in einem Graben hinter dem Haus versteckte. Seiner Stiefmutter missfielen seine endlosen Streifzüge, und sie schimpfte ihn aus, wenn er mit verdreckten, zerrissenen Schuhen nach Hause kam. Schließlich versteckte sie diese, um ihn an seinen Expeditionen zu hindern. Doch Robert zog trotzdem los, kletterte barfuß über die Felsen und kehrte mit blutigen Füßen zurück. Er wurde bestraft, geschlagen, erhielt Stubenarrest und machte sich dennoch immer wieder auf den Weg. Um dem Zuhause zu entkommen, aber auch, weil etwas in ihm geweckt worden war.

Mit dreizehn musste Robert Dick ausziehen. Sein Vater hatte früher einmal vorgehabt, zumindest den Versuch zu unternehmen, seinen Sohn studieren zu lassen, gab nun aber dem Wunsch seiner neuen Ehefrau nach. Robert sollte lieber einen Beruf erlernen und arbeiten gehen. Die Geschwister wurden auseinandergerissen. Roberts Schwester Agnes wurde als Hausangestellte nach Edinburgh geschickt, der jüngere Bruder James ging zur See, und Robert selbst wurde nach Tullibody geschickt, wo er eine Bäckerlehre begann.

Dreizehn Jahre alt und ganz auf sich allein gestellt, sahen Roberts Tage fortan etwa folgendermaßen aus: Um drei Uhr morgens stand er auf, um den Backofen anzuheizen. Er schleppte, maß und mischte Mehl, Hefe, Salz und Wasser. Er knetete, formte und buk, und wenn das Brot fertig war, half er es auszuliefern. Er wurde in Dörfer geschickt, die mehr als eine Meile entfernt lagen, ging zu Fuß, die Brote in einem Korb auf dem Kopf. Gegen sieben oder acht Uhr abends war sein Arbeitstag zu Ende. Sein Lohn bestand aus Kost und Logis.

Doch in den wenigen Stunden, die ihm blieben, las er, vor allem Nachschlagewerke über Botanik und andere Naturwissenschaften. Wenn er mit seinen Brotlieferungen losgeschickt wurde, nutzte er die Zeit, um unterwegs die Pflanzen zu untersuchen, über die er zuvor gelesen hatte. Manchmal kehrte er mit Taschen voller Blumen und Blätter wieder zurück, die er trocknete und in einer wohlgeordneten Sammlung aufbewahrte. Die freien Sonntage verbrachte er am liebsten im Wald.

Mehr als dreieinhalb Jahre war Robert Dick Bäckerlehrling

in Tullibody. 1828 jedoch, im Alter von siebzehn, musste er die Bäckerei verlassen und versuchen, allein zurechtzukommen. Er sollte seine Geburtsstadt nie wiedersehen. Drei Jahre zog er umher, arbeitete in verschiedenen Bäckereien in Leith, Glasgow und Greenock. Immer dieselben langen Tage, dieselbe harte Arbeit, ein Lohn, der kaum für das Nötigste reichte. Doch dann wurde sein Vater in ein Büro in Thurso versetzt und schrieb ihm in einem Brief: Komm doch her! Eröffne deine eigene Bäckerei.

Das war im Sommer 1830, und so kam es, dass Robert Dick mit neunzehn Jahren in der windgepeitschten kleinen Stadt Thurso im nördlichsten Teil des schottischen Hochlands landete. Am Meer, wo Salz und Wind die Menschen abhärtete und widerstandsfähig machte, wo man in gewisser Weise jedoch auch dem Ursprung von allem näher war.

~~~

Alles hat seinen Ursprung im Meer. Das ist die Erkenntnis, die wir aus der Evolution ziehen können. Alles Leben kommt aus dem Meer, dieser urzeitlichen Gebärmutter. Hier begann die Geschichte, hier beginnen alle Geschichten. Auch die des schottischen Bäckers Robert Dick.

Denn wenn alles Leben seinen Anfang im Meer nimmt, bedeutet dies, dass auch der Akt der Fortpflanzung, der erst zum Leben führt, ihn dort nimmt. Und innerhalb der evolutionären Geschichte der Fortpflanzung sollte Robert Dick sich bald einen Namen machen.

Die Erde entstand vor ungefähr viereinhalb Milliarden Jahren und das Meer – relativ gesprochen – nur einen Augenblick später. Die ersten Lebensformen entwickelten sich vor etwa vier Milli-
~~~

arden Jahren im Meer, und sehr lange, also drei Milliarden Jahre, blieben sie auch dort.

Dieses Leben – diese ersten Mikroorganismen, die im Meer zu treiben begannen, diese plötzlich aufleuchtenden Glühwürmchen im Dunkeln – pflanzte sich ausschließlich durch geschlechtlose Zellteilung fort. So entstand immer neues Leben, wurde in der ununterbrochenen Kette ein Glied mit dem nächsten verbunden. Primitive Mikroorganismen teilten sich, aus einer Zelle wurden zwei, und ein Individuum wurde zu einem anderen, wenn auch vollkommen gleichen. Dies bezeichnet man als asexuelle Fortpflanzung, und es gibt sie bis heute, etwa bei den Amöben. Durch Zellteilung schafft der Organismus eine Kopie seiner selbst, die in unveränderter Einsamkeit weiterleben darf. So wird vollbracht, was der Evolution zufolge der grundlegende Sinn alles Lebens ist: die Fortpflanzung, das kontinuierliche Weitergeben des Erbguts an die nächste Generation. Wenn das evolutionäre Ziel jedes Lebewesens ebendies ist: einen Teil von sich weiterzugeben, dann mag die Zellteilung tatsächlich als überlegenste und effektivste Methode erscheinen. Ähnlich dem Gott der Christen, der laut dem 1. Buch Mose den Menschen aus dem Nichts erschaffen hat nach seinem Ebenbild, hat der ägyptische Schöpfergott Atum der Mythologie zufolge das gesamte Universum mit allem Leben darin durch fröhliches Masturbieren hervorgebracht. Wozu sollte man da jemand anderen in den Prozess miteinbinden?

Sehr lange Zeit pflanzte sich das Leben durch Zellteilung fort, und für die ersten Organismen funktionierte dies auch ganz gut. Das Leben ging jedenfalls weiter.

Vor gut einer Milliarde Jahren, nachdem das Prinzip der Zellteilung sich bereits fast drei Milliarden Jahre bewährt hatte, geschah jedoch etwas ziemlich Sensationelles. Ein paar Organismen begannen, sich auf ganz neue Weise fortzupflanzen: durch sexuelle Reproduktion. Diese Organismen entwickelten Geschlechtsunterschiede, und neues Leben entstand nicht mehr dadurch, dass sich eine Zelle teilte, sondern indem eine Zelle einer anderen begegnete. Ein Individuum ließ seine Geschlechtszellen mit denen eines anderen verschmelzen, und das Ergebnis war ein Organismus, der nicht mehr nur die Kopie des einen, sondern eine Mischung aus beiden war, ein ganz und gar neues und eigenes Individuum.

Das war natürlich eine Revolution. Die asexuelle Fortpflanzung mag einem, wie gesagt, effektiver erscheinen, vorausgesetzt, dass das Ziel der Evolution lediglich das Weitergeben der eigenen Erbanlagen ist, aber durch die sexuelle Fortpflanzung begann der Baum des Lebens nun zu wachsen und sich in ganz neuem Umfang zu verbreitern. Es entstanden Organismen, die das Beste von zwei Individuen enthielten und die deshalb stärker und widerstandsfähiger waren. Vor allem gelang es diesen neuen Lebensformen in höherem Maße, sich an veränderte Verhältnisse anzupassen. Sie vermochten Krankheiten und klimatische Veränderungen besser wegzustecken, das Leben wurde ausdauernder und nach und nach auch viel variantenreicher.

Und so wurde die sexuelle Reproduktion mit der Zeit zu einem der bedeutendsten Schritte in der Geschichte der Evolution. Heute pflanzen sich alle Säugetiere und Vögel sexuell fort, ebenso Fische, Reptilien und Amphibien, von ein paar wenigen Ausnahmen abgesehen.

Doch wann genau fand diese Revolution eigentlich statt? Und welche waren die allerersten Organismen, die sich sexuell vermehrten, die Lebewesen, die gewissermaßen den Geschlechtsverkehr erfanden? Wir wissen es nicht genau, die Dokumentation ist unvollständig, und erst in der Moderne und mit der Entwicklung der Gentechnik ist es gelungen, sich einem tieferen Verständnis für diesen Prozess anzunähern. Die ältesten Fossilienfunde von Organismen, die sich sexuell fortpflanzten, sprechen jedenfalls dafür, dass eine Art Seegras der erste war. Auf Somerset Island im Nordosten Kanadas fand der britische Wissenschaftler Nick Butterfield 1990 Fossilien eines Organismus, der den heutigen Rotalgen ähnelt. Er stellte fest, dass die Alge tatsächlich über Geschlechtsunterschiede verfügte und sich daher sexuell vermehrt haben musste, und er gab ihr den Namen *Bangiomorpha pubescens*. Altersbestimmungen haben gezeigt, dass diese möglicherweise erste sexuelle Begegnung vermutlich vor etwas mehr als einer Milliarde Jahren stattgefunden hat.

Man kann versuchen, sich diesen Moment vorzustellen, doch es ist relativ sinnlos. Sex, wie der Mensch ihn sich vorstellt, ist nämlich ein noch viel jüngeres Phänomen. Das erste Lebewesen, das sich per sogenannter interner Befruchtung vermehrte, das heißt anhand der Vereinigung von Spermium und Eizelle im Körper eines der beiden beteiligten Individuen, war laut Fossilienfunden eine besondere Form des sogenannten Panzerhais, oder Plascoderms. Dieser entwickelte vor etwa dreihundertfünfundachtzig Millionen Jahren nicht nur innere Geschlechtsmerkmale, sondern auch äußere. Das Männchen hatte eine Art Arm oder Glied, mit dem es in das Weibchen eindringen konnte. Dieses wiederum verfügte über eine Art rauer Platten am Leib, mit denen es das Männchen während des Akts an Ort und Stelle hielt. So vollzog sich zum ersten Mal die Befruchtung, und damit der Startschuss zum Heranreifen neuen Lebens, im Körper eines Weibchens.

Vor etwa dreihundertfünfundachtzig Millionen Jahren erfanden diese Panzerhaie mit anderen Worten den Penetrationssex sowie die interne Befruchtung, die Fortpflanzung, wie wir sie heute kennen. Das wissen wir unter anderem dank des Mannes, der das erste vollständige Fossil dieses Fischs entdeckte. Und dieser Mann war Robert Dick.

~ ~ ~

Der nordöstlichste Teil des schottischen Hochlands ist die meiste Zeit über ein unwirtlicher Ort. Dort trifft die kalte, temperamentvolle Nordsee auf den Atlantik, und die Landschaft, Caithness, ist entsprechend geformt. Es ist eine karge und unwegsame Landschaft mit bräunlich düsteren Heiden und Sümpfen, Mooren und steinigen Feldern. Die Landschaft ist von salzigen Stürmen so verwüstet, dass kaum ein Baum wächst und auch keine Sträucher. Von oben gesehen sieht sie aus wie eine unförmige Pfeilspitze, die in den tosenden Ozean ragt, eine etwas erschöpft anmutende Geste einem offensichtlich übermächtigen Element gegenüber.

An der Küstenlinie entlang stürzt das Land steil in die schäumenden Wogen, gewaltige Felsen, die sich wie Palisaden dem dunklen Wasser entgegenstellen; Wasser, das sich seinerseits seit Jahrtausenden in den Fels hineingräbt und dramatische Klüfte und Schluchten geschaffen hat. Es ist ein Ort, den man nicht unmittelbar zu seinem eigenen macht, kein Ort, der sich leicht zähmen oder beherrschen lässt. Hier hat das Meer die Macht.

Und hierher, in die kleine Stadt Thurso, zog Robert Dick also im Sommer 1830. Thurso liegt am südlichen Ende der Thurso Bay, wo der Thurso-Fluss ins Meer mündet. Wenn man am Ufer steht und sich nach Nordosten wendet, sieht man die hohen steilen Klippen der Halbinsel Dunnet Head. Blickt man geradeaus nach Norden über das Meer, sieht man Orkney auf der anderen Seite des Pentland Firth, einer Meerenge mit kalten Strömungen, die

die Nordsee mit dem äußeren Atlantik verbindet. Blickt man wiederum am Leuchtturm von Holborn Head vorbei nach Westen, sieht man offenes Meer, so weit das Auge reicht, nichts als Meer bis zum nordamerikanischen Kontinent.

So nah war Robert Dick dem Meer bis dahin nie gekommen, und es erfüllte ihn mit Staunen. Er staunte über die gewaltigen Kräfte, mit denen die Wellen in ihrem ewigen und unbändigen Rhythmus gegen die Felsen schlugen, über den Golfstrom, der Unmengen Fisch, Garnelen und Plankton Richtung Land trieb und diesen unzugänglichen Ort mit fremden und entlegenen Teilen der Welt verband.

Sobald er angekommen war, eröffnete Robert Dick eine Bäckerei auf der Wilson Lane, mitten in der Stadt. Einen einfachen Laden mit einem Ofen im hinteren Raum, Backtisch, Schränken und Regalen und Theke und Kasse im vorderen Raum. Er selbst wohnte in einem Zimmer darüber.

Mit dem eigenen Laden gewann Robert Dick wieder etwas mehr Selbstbestimmung zurück, auch wenn seine Tage weiterhin vor allem von harter Arbeit geprägt waren. Abends vor dem Schlafengehen setzte er den Teig für den nächsten Tag an. Gegen drei Uhr nachts stand er auf und heizte den Ofen an, buk, bis der Teig aufgebraucht war, und verkaufte anschließend das fertige Brot an der Theke. Seine Schwester Jane, die im Haus ihres Vaters auf der gegenüberliegenden Straßenseite wohnte, half ihm manchmal an der Kasse aus. Wenn das Brot verkauft war, ging es ans Putzen, an Inventur und die Vorbereitungen für den nächsten Tag.

Waren Mehl und andere Zutaten besorgt, lief das Geschäft einigermaßen rund, und für die kleinen Summen, die übrig blieben, kaufte Robert Dick Bücher. Er ließ sie sich von dem Kaufmann in Leith zuschicken, der auch das Mehl für die Bäckerei lieferte. Er bestellte Bücher über Conchologie, Botanik und Geologie, über Schneckenhäuser, Pflanzen und Steine. Sie kamen in denselben Kisten an wie das Mehl, ihre Einbände waren oft weiß gepudert.

Mit der Zeit begann Dick sich auch für Insekten zu interessieren und bestellte Bücher über Entomologie. Er, der bereits im Alter von dreizehn die Schule hatte beenden müssen und niemals einen Fuß in eine Universität setzen würde, schien dennoch von der Natur mit einer angeborenen und unstillbaren Neugier gesegnet worden zu sein, einem Bedürfnis, immer weiterzulernen.

Ja, mehr als das: Alles, worüber Robert Dick in seinen Büchern las, wollte er mit eigenen Augen sehen. Alle Fakten, die er sich mittels der Lektüre aneignete, wollte er durch eigene Beobachtungen bestätigen. Jedes Schneckenhaus, jede Blume, jeden Stein und jedes Insekt wollte er unbedingt in seiner Hand halten, wollte es betrachten und analysieren.

Damit vertrat Robert Dick eine naturwissenschaftliche Haltung, die auf Aristoteles zurückgeht: auf die empirische Lehre, das Wissen, das von Erfahrung ausgeht und rein praktisch in der systematischen und methodischen Arbeit besteht, die unterschiedlichen Lebensformen zu beobachten und zu beschreiben, um dadurch allmählich zu einem Verständnis von ihnen zu kommen. Robert Dick begnügte sich nicht mit Wörtern, Bildern und Beschreibungen, er verließ sich letztendlich allein auf seine eigenen Beobachtungen. Eine bessere Möglichkeit, zu verstehen, wie alles zusammenhing, wie Pflanzen sich bewegten und Tiere lebten, wie Steine ihre Form erlangten, schien es für ihn nicht zu geben. Er zog sein Wissen nicht in erster Linie aus Büchern, sondern aus der Natur selbst.

Das war der Grund, weshalb er sich in die Natur begab, sobald sich eine Möglichkeit dazu bot. Fast jeden Tag, wenn die Brote verkauft waren oder seine Schwester Jane sich um den Verkauf kümmern konnte, unternahm Robert Dick einen langen Spaziergang. Er trug Stiefel mit dicken Sohlen, weichte die Socken vorher ein, um Blasen zu vermeiden, und packte sich etwas Schiffszwieback als Proviant ein. Manchmal war er stundenlang unterwegs, wanderte mehrere Meilen, und fast alles, was er erblickte, schien ihn in Staunen zu versetzen. Hin und wieder begleitete ihn ein Freund, meist aber ging er allein. An manchen Tagen zog es ihn Richtung Süden, über die heidebedeckten Moore zum Berg Morven. Er kletterte über kantige Klippen und watete durch rieselnde Bäche. An anderen Tagen ging er die Wilson Lane hinunter, überquerte den Fluss auf Steinen, die bei Ebbe aus dem Wasser ragten, und folgte dem Strand in nordöstlicher Richtung. Manchmal legte er auch die ganze Strecke bis zum Leuchtturm am Dunnet Head zurück, dem nördlichsten Punkt des britischen Festlands. Er liebte es, zuzuschauen, wie die Wellen schäumend an Land klatschten. Selbst bei gutem Wetter hörte man beständig das Donnern und Tosen des Ozeans. Niemand konnte dem Meer hier entkommen.

Während dieser Wanderungen sammelte Robert Dick immer mehr Wissen über die Gegend und ihre botanischen, biologischen und geologischen Besonderheiten, sodass er in diesen Bereichen bald selbst die hervorragendsten akademischen Wissenschaftler übertraf. In Briefen an Freunde und Familie berichtete er oft über seine Touren und seine neuesten Erkenntnisse und beschrieb jede Pflanze, jeden Stein und jedes Tier, dem er begegnet war, in allen Einzelheiten. »Ich habe im Heidekraut einen schlafenden Schmetterling gefunden. Der Arme!«, schrieb er nach einem Sommerspaziergang an einen Freund. Seiner Schwester Agnes in Edinburgh berichtete er einmal über eine besondere Art kleinen Farn, die er auf einer seiner Runden rein zufällig entdeckt hatte, etwa drei Meilen von zu Hause entfernt. Es sei zwar keine Neuentdeckung, erklärte er seiner Schwester. »Aber für mich doch ebenso kostbar.« Und nachdem er erst wusste, wo der Farn wuchs, kehrte er immer wieder zu ihm zurück, die gesamten drei Meilen hin und wieder nach Hause. »Um ihn zu besuchen, wieder und immer wieder.«

Ein andermal schrieb er Agnes von einer Wanderung an einem schwülwarmen Sommerabend. Er war anderthalb Meilen gelaufen, während sich am Himmel ein Gewitter zusammenbraute, hatte darauf gehofft, viele schöne und wunderbare Pflanzen zu finden, und plötzlich war er an eine steile Abbruchkante gelangt, auf der sich eine wahre Fülle von Blumen ausbreitete, mehr Arten, als er je zuvor gesehen hatte. »Das war meine Belohnung«, schrieb er seiner Schwester. »Ich war zu Hause, endlich zu Hause.«

Auch das Meer beschrieb er in seinen Briefen immer wieder, malerisch und in allen Einzelheiten, und es lag oft ein träumerischer, beinahe sehnsüchtiger Tonfall in seinen Worten. Er erklärte, wenn man in Thurso den Blick nach Westen richte, gebe es nichts als das Meer, so weit man sehen könne, nichts als ewiges, rätselhaftes Meer bis nach Labrador hinüber. In einem anderen Brief zitierte er ein Gedicht von Lord Byron: »He that has sailed upon the deep blue sea / Has viewed at times, I ween, a full fair sight.«

»So lautet Byrons wunderbare Beschreibung einer Szene auf dem Meer«, schrieb Robert Dick, »und so empfinde ich es selbst, wenn meine Füße mich in der Dämmerung den Strand entlangtragen, der sich so verlockend zwischen der kleinen Stadt und ihrer schönen Bucht erstreckt.« Er war an das Land gebunden, doch sein Blick war aufs Meer ausgerichtet. Dieses Meer, das er nicht nur mit dem Schönen und Angenehmen verknüpfte, sondern auch mit dem Traum von einer größeren, weiteren Welt, einem anderen Leben.

In einem anderen Brief an Agnes beschrieb Robert Dick, wie er an einem stürmischen Apriltag den ganzen Weg bis zum Dunnet Hill gelaufen war. Am Strand hatte er einen Mann bei der Arbeit beobachtet. »Ich habe einen Mann gesehen, der Sandstein abbaute. Er dachte sich nicht viel dabei, und bestimmt dachte er nicht an die Zeit, in der das Eis die Oberfläche des Steins abgeschliffen hatte, auf den er da einhämmerte. Nein, er baute gerade ein Haus, für ihn war der Stein nur Stein, nichts weiter.«

Robert Dick sah das offenbar anders. All die langen Wanderungen, all das Wissen und all die Erkenntnisse, die er sich auf eigene Faust angeeignet hatte, verliehen ihm einen neuen Blick auf die Welt, der ihm seinen Ort in Zeit und Raum zuwies und ihn dort verankerte. Wenn Robert Dick am Meer stand und zu den Sandsteinfelsen hinaufblickte, die sich über den gewaltigen Wogen türmten, dann sah er etwas noch Größeres. Er fragte sich: Woher kommen diese Felsen? Wie lange hat es gedauert, bis sie sich aus den stillen Tiefen des Ozeans erhoben? Und er wurde sich bewusst, dass alles fortwährenden Veränderungen unterworfen war, dass auch diese Felsen eines Tages vom Meer verschlungen werden würden: »Alles ist ständig im Wandel, und irgendwann wird der schicksalhafte Tag kommen, an dem vom Sandstein am Dunnet Head keine Spur mehr zu sehen sein wird.« Und Robert Dick erkannte seinen eigenen Platz in diesem Zusammenhang, seine vorübergehende Existenz, und wie vollkommen unbedeutend er war: »Wenn der Mensch sich das bewusst macht, spürt er instinktiv, wie klein er ist und wie unvermögend, auch nur die allereinfachsten seiner Fragen zu beantworten.«

Was Robert Dick auf seinen langen Exkursionen an Land vor allem begriff, war, dass all dies – diese karge Landschaft aus

Stein und Heide, die er bis auf den kleinsten Felsspalt und den dünnsten Grashalm kennenlernen sollte – einmal Meer gewesen war. Vor ewigen Zeiten hatte das Wasser alles bedeckt, und die Spuren, die er jetzt fand, Schneckenhäuser, Steine und Fossilien, waren Hinweise darauf, was sich in einer entlegenen Vergangenheit in den Tiefen des Meers abgespielt hatte. Es waren nicht nur die Spuren einer vergangenen, sondern auch die einer fremden Welt, die kein Mensch je zu Gesicht bekommen hatte.

»Zu jener Zeit«, schrieb er in einem Brief, »lag all dieses Land im Osten wie im Westen, im Norden wie im Süden unter Wasser. Das Meer beherrschte alles.«

~ ~ ~

Manchmal nahmen Robert Dicks Wanderungen geradezu extreme Ausmaße an. Wenn er aus irgendwelchen Gründen einmal einen Tag lang nicht backen musste oder bereits am Abend damit fertig geworden war, konnte es geschehen, dass er mitten in der Nacht aufstand, eine Schüssel Haferbrei hinunterschlang und sich dann aufmachte. Seiner Schwester berichtete er einmal, wie er an einem kalten und stürmischen Tag im November den Morven bestiegen hatte, um außergewöhnliche Pflanzen zu suchen. Der Morven ist der höchste Berg in Caithness, er misst zwar nur siebenhundertsechs Meter, doch mit seinem spitzen, oft schneebedeckten Gipfel bietet er einen spektakulären Anblick in der ansonsten flachen Landschaft. Vor allem aber liegt der Gipfel gut und gern fünf Meilen von Thurso entfernt, was Robert Dick dazu veranlasste, bereits um zwei Uhr nachts aufzubrechen, um es an seinem freien Tag hin- und wieder zurückzuschaffen.

Die ersten Stunden legte er auf einem befestigten Weg zurück, doch schon bald musste er sich durch immer schwierigeres Gelände kämpfen. »Der Rest der Strecke«, schrieb er seiner Schwester, »führte um Seen herum, über kleine Bäche, durch Sümpfe und unheimliche Moore sowie über hügelige Heidelandschaften.« Stundenlang watete er durch irgendwelche Gewässer, kletterte über Felsen und Steine, duckte sich im eiskalten Wind und unter den Hagelschauern. »Und irgendwann kam ich tatsächlich endlich auf dem Gipfel des berühmten Morven an.«

Er blieb ein paar Stunden oben, fand aber keine für ihn interessanten Pflanzen und machte sich wieder auf den Rückweg. Inzwischen war es später Nachmittag, und er watete gerade durch den Fluss Berriedale, als ein Schneesturm aufkam. »Meine Füße waren seit sieben Uhr morgens nicht mehr trocken«, schrieb er. »Und lange bevor ich wieder einen befestigten Weg erreichte, war das Tageslicht verschwunden und der Mond stand am Himmel.«

Erst gegen drei Uhr nachts war er wieder zu Hause, nach mehr als vierundzwanzigstündiger Wanderung. Er schlief ein paar Stunden, dann musste er schon wieder aufstehen, um zu backen. »Oh, diese Pflanzen«, schrieb er seiner Schwester. »Die sind wirklich eine anstrengende Angelegenheit.«

Manchmal brach er noch im Dunkeln auf, um rechtzeitig vor Ort zu sein, wenn eine bestimmte Blüte sich im Morgendämmern öffnete. Einmal war er bereits um Mitternacht losgegangen und hatte zwei Meilen zurückgelegt, als ein Mann, der nach Wildanglern Ausschau hielt, ihn am Fluss entdeckte und zur Rede stellte. »Ich interessiere mich nur für Pflanzen«, sagte Robert Dick überrascht, öffnete seine Tasche und zeigte all die Blätter und Blüten vor, die er gesammelt hatte.

Seine gesamte Freizeit widmete er dem Wandern, Beobachten, Entdecken, Sammeln und Klassifizieren. Beim Kaufmann in

Leith bestellte er ein Mikroskop. Es kam in einer Mehlkiste, weiß bestäubt, genau wie die Bücher, und er benutzte es, um sich seine Funde genauer anzusehen und bestätigt zu bekommen, was er gelesen hatte. Er sammelte Schneckenhäuser, Pflanzen, Steine und Insekten. Bald hatte er so gut wie alle Pflanzen beisammen, die man in Nordschottland finden konnte. In weniger als einem Jahr legte er darüber hinaus eine ebenso umfassende Insektensammlung an, bestehend aus Hunderten von Käfern, Bienen, Schmetterlingen und Motten. Er sammelte alle Arten von Schneckenhäusern und arrangierte sie in einem hübschen Kabinett. Alles wollte er mit eigenen Augen sehen, jeden Organismus und jeden Gegenstand mit seinen Sinnen begreifen. Was das anging, war er ein Pionier, zumindest in der unmittelbar ihn umgebenden Welt, als wäre er der erste Mensch, der dort wanderte, der ausgerechnet dieses eine Blatt pflückte und es gegen die Sonne hielt, um seine genaue Form zu studieren.

Und man darf sich Robert Dick durchaus als glücklichen Menschen vorstellen. Nicht so sehr aufgrund dessen, *was* er erreichte, sondern, *wie* er es erreichte. Er konnte stundenlang durch die Dunkelheit laufen, nur um genau in dem Moment vor Ort zu sein, in dem die ersten Sonnenstrahlen eine bestimmte Pflanze berührten. Bei der Planung seiner Expeditionen entlang der felsigen Strände östlich und westlich von Thurso nahm er auf die Gezeiten Rücksicht. Er unterwarf sich ihnen, wie man es in Zusammenhang mit der Natur in gewissem Maße immer tun muss. Er passte sich dem allumfassenden Rhythmus der Erde an. Dem Sonnenrhythmus. Dem Meeresrhythmus. Dem Tageslicht, das ihm erlaubte, seine geliebten Pflanzen zu studieren. Ebbe und Flut, die darüber entschieden, wann er eine Klippe hinunterklettern oder ein Stück Strand überqueren konnte. Und er fand eine Harmonie darin, eine Ordnung und Musikalität, zu der er sich verhalten konnte und mit der er sich immer mehr im Einklang fühlte. Nach einem weiteren Spaziergang am Meer schrieb er gut gelaunt in einem Brief: »Das ganze Universum ist nach der Musik gestimmt! Das ganze Universum ist harmonisch. Es gibt in Wahrheit nichts, was schräg klingt, keine Dissonanz. Und wenn ein Mensch doch mehr Harmonie zu brauchen meint, liegt die Schuld ganz allein bei ihm. Er ist es, der nicht gestimmt ist, nicht die Natur.«

Es ist eine besondere Ironie des Schicksals, dass Robert Dick mit seiner leidenschaftlichen Liebe zu allem Lebendigen und Wachsenden und Schönen ausgerechnet in dieser kahlen, kargen Landschaft gelandet war, wo der Frühling erst irgendwann im Mai begann und viele Pflanzen nicht vor Mittsommer blühten. Doch er schien dies selbst gar nicht so zu empfinden. Er klagte selten, so elend und dürftig seine Umgebung und sein Dasein auch sein mochten. In der Natur war er ohnehin immer in seinem eigenen verzauberten Paradies. Niemals allein. Niemals gelangweilt, desillusioniert oder enttäuscht.

Vielleicht lag es daran, dass er in der Natur über Pflanzen, Steine und Schneckenhäuser hinaus auch noch etwas anderes fand. Eine Zugehörigkeit, aber auch eine Zuflucht und Sinn. In der Natur begegnete er Dingen und Organismen, die ihn mit der Welt verbanden, die eine Brücke zu Orten herstellten, an denen er noch nie gewesen war und von denen er wusste, dass er sie nie besuchen würde. Und die Natur war nicht nur seine sichere und vertraute Zuflucht von den Pflichten und Mühen des Alltags, sie war auch eine Art Kaninchenbau, ein geheimer Tunnel zu etwas, das rätselhaft und fremd und unglaublich verlockend war.

Am Strand nordöstlich von Thurso fand Robert Dick angeschwemmte Holzstücke, die, wie sich bei näherer Betrachtung herausstellte, von fremden Schiffswurmarten zerfressen waren.

Er fand Seegras, das die gesamte Strecke vom Golf von Mexiko bis hierher getrieben worden waren. Und eines Abends, als er mit einem Freund am Strand entlangging, entdeckte er etwas besonders Merkwürdiges zwischen den Steinen. Er hob es auf und stellte fest, dass es eine Nuss war, eine tropische Nussart, die auf keinen Fall in Nordschottland vorkam. Dieselbe Art Nüsse, die Christoph Kolumbus' Schwager angeblich einst in den Gewässern vor Madeira gefunden und die den legendären Entdeckungsreisenden davon überzeugt hatte, dass es auf der anderen Seite des Meers im Westen einen weiteren Kontinent geben musste. Die Nuss war, so stellte Robert Dick es sich vor, an einem Baum auf einer westindischen Insel gewachsen, dann heruntergefallen und im Wasser gelandet und mit dem mächtigen Golfstrom über den gesamten Atlantik getrieben, um am Ende in dieser kleinen Bucht des schottischen Hochlands angespült zu werden, wo er jetzt stand und sie in Händen hielt. Das Meer hatte sie weiter getragen, als er selbst je reisen würde.

Was dachte er, als er diese fremde Nuss in der Hand hielt? Vielleicht dachte er an das Meer und die weltumspannenden Kräfte und Bewegungen, denen er hier an den zerklüfteten Felsen von Thurso begegnete. Vielleicht war er dankbar, dass er auf seinen Wanderungen in der kargen Landschaft etwas nahekommen konnte, was seine eigene Vorstellungswelt erweiterte und sie noch staunenswerter machte, was seine Welt nicht nur äußerlich, sondern in gewisser Weise auch auf zeitlicher Ebene erweiterte. Er konnte lernen, die Pflanzen und Steine, die er fand, zu verstehen und zu deuten, und durch diese Erkenntnisse selbst auf Reisen gehen, zumindest in Gedanken. Und er konnte so viel weiter reisen, als es ihm sein Los als armer Bäcker, der ans schottische Hochland gebunden war, je ermöglichen würde. Durch seine Funde und durch sein Wissen konnte er im übertragenen

Sinne so weit reisen, wie er wollte. Sogar zu den Westindischen Inseln. Und in die ferne Vergangenheit.

~~~

Lange Zeit war Robert Dick bei seinem Erforschen der Welt allein, so wie auch in seinem Alltag. Er blieb ein armer Bäcker, unverheiratet und kinderlos, den das Leben in einen isolierten Winkel Schottlands verschlagen hatte. Er besaß keine Freunde in den akademischen Kreisen, hatte niemanden, mit dem er seine Funde diskutieren und seine Gedanken, Ideen und Erkenntnisse durchsprechen konnte. Alles Wissen, das er auf autodidaktische Weise erwarb, blieb bei ihm. Es war eine umfassende und fantastische Entwicklung, die er durchschritt, doch er war dabei allein.

Mit der Zeit begannen immerhin die Bewohner von Thurso, ihn nicht nur als Bäcker, sondern auch als jenen Sonderling wahrzunehmen, der in abgetragener und altmodischer Kleidung in die Natur aufbrach und viele Stunden später schlammverkrustet und schmutzig und die Taschen voller Pflanzen, Insekten und Steine wieder zurückkehrte; und er wurde als jemand bekannt, der eine ganze Menge über die weite Welt wusste. Schuljungen begannen die Bäckerei aufzusuchen, wenn sie einen besonderen Stein oder ein Insekt gefunden hatten. Sie bekamen einen Keks oder einen Zwieback für ihre Mühen und vielleicht auch eine unverlangte Erklärung, was sie ihm da mitgebracht hatten. Als einem ortsansässigen Fischer eines Tages durch Zufall ein großer Knochenfisch ins Netz ging, den er mit in den Hafen brachte, war es Robert Dick, nach dem man schickte. Als ein paar Leute eine Blume entdeckten, die sie nicht kannten, gingen sie damit ebenfalls zur Bäckerei, um zu erfahren, um welches Gewächs es sich handelte.
~~~

Bald übertrafen Robert Dicks Kenntnisse der Natur und Pflanzenwelt in Caithness und Umgebung die jedes anderen. Obwohl er weiterhin Autodidakt und in akademischen Kreisen vollkommen unbekannt war, war er im wahrsten Sinne des Wortes ein Experte, eine Autorität geworden, wenn auch ohne Amt und Würden. Er kannte nicht nur jede einzelne Pflanze in der Gegend, er wusste auch genau, wo man sie fand. Hin und wieder hielt er kleine Vorträge in der Bäckerei für die Leute, die gerade vorbeikamen, und manchmal demonstrierte er dabei geografische und geologische Besonderheiten der Gegend, indem er das Mehl auf dem Backtisch zu Haufen schichtete. Als er eines Tages am Fluss ein besonderes Exemplar des Duftenden Mariengrases fand, von dem man geglaubt hatte, es wäre in Großbritannien längst ausgestorben, wusste er sofort, was das bedeutete: Er hatte einen wissenschaftlichen Fund gemacht. Er hatte eine Pflanze gefunden, von der die akademische Elite behauptet hatte, dass es sie hier nicht mehr gab. Er hatte das wissenschaftliche Verständnis von der Welt verändert.

Dennoch legte er die Pflanze lediglich zu den anderen in seiner Sammlung, ein getrocknetes und sorgsam zurechtgelegtes Geheimnis. Wem hätte er auch davon berichten sollen? Er kannte niemanden in der akademischen Welt. Und niemand kannte ihn.

Doch etwas sollte sich in dieser Hinsicht ändern. Ende der 1830er-Jahre begann Robert Dick sich immer mehr für Geologie zu interessieren. Auf seinen Wanderungen rund um Thurso hatte er gelernt, verschiedene Gesteinsarten und Tonschichten zu erkennen. Bei näherer Untersuchung hatte er dabei zahlreiche Fossilien von Fischen und Schnecken aus der Urzeit gefunden und über sie gestaunt, hatte sie wie rätselhafte Schriftzeichen aus einer anderen Zeit betrachtet. Er hatte Bücher zum Thema gelesen und die gesammelten wissenschaftlichen Erkenntnisse mit seinen eigenen Beobachtungen verglichen. Er kannte das Prachtwerk *Outlines of the Geology of England and Wales* von 1822, in dem es hieß, im schottischen Hochland werde man keinerlei Fossilien finden. Doch er wusste nun, dass das nicht stimmte.

Und so beschloss er, dieses offensichtlich vernachlässigte Gebiet auf eigene Faust zu erforschen. Im Herbst 1840 fand er in der Zeitung *Witness* mehrere Artikel unter der Überschrift »The Old Red Sandstone«. Der Verfasser hieß Hugh Miller und war im selben Jahr Redakteur dieser Zeitung geworden. Er war Geologe und Autor, ein paar Jahre älter als Robert Dick und hatte sich in wissenschaftlichen Kreisen bereits einen Namen gemacht. Er lebte in Edinburgh und war ein gläubiger Christ, der sich sein Leben lang darum bemühte, den Glauben an einen Schöpfergott mit einer streng wissenschaftlichen Betrachtungsweise der Natur sowie all der Spuren vergangenen Lebens, die er in Gesteinsschichten und Sedimenten fand, in Übereinstimmung zu bringen. Es gelang ihm, einige bis dahin unbekannte prähistorische Fische und andere Tiere zu finden, und nach seinem Tod sollte er als einer der führenden Paläontologen Großbritanniens in die Geschichte eingehen.

Etwas an Hugh Millers Artikeln, die im darauffolgenden Jahr auch in Buchform erschienen, überzeugte Robert Dick davon, dass dies genau das Thema war, mit dem er sich künftig in seiner Freizeit beschäftigen wollte. Auf der Jagd nach Fossilien begab er sich auf immer längere Wanderungen, vor allem zu den steinigen Stränden am Meer. Er war erfüllt von der Idee, alles, was er an Spuren veränderlichen Lebens finden konnte, zu identifizieren und zu verstehen. Er begann Fragen zu stellen. Er beobachtete und prüfte. Er besorgte sich Hammer und Meißel und versuchte, die Versteinerungen aus dem Fels zu schlagen. Er wollte größere Fossilien finden, unbekannte, intakte Fossilien, nicht nur Teile davon, weitere Spuren von Leben, die sich im Fels unter ihm verbargen.

Nachdem er mehrere Jahre gesucht hatte, fand Robert Dick tatsächlich das große, gut erhaltene Fossil eines Urzeitfisches, den er aus keinem seiner Bücher kannte. Möglicherweise war es tatsächlich ein neuer Fund, eine bisher noch nicht entdeckte oder beschriebene Art. Vielleicht, dachte Robert Dick, war es eine Art *Holoptychius,* ein sogenannter Fleisch- oder Muskelflosser, der im Devon vor über dreihundertfünfzig Millionen Jahren gelebt hatte. Beflügelt von dem Fund nahm er all seinen Mut zusammen und schrieb an Hugh Miller. In einem Brief, datiert auf den 10. März 1845, beschrieb er seine geologischen Untersuchungen, legte eine Zeichnung des Fossils bei und erläuterte seine Theorie dazu, worum es sich handeln könnte. Fünf Tage später schickte er Miller einen zweiten Brief, in dem er versprach, das gesamte Fossil so bald wie möglich per Dampfschiff nach Edinburgh zu schicken.

Es war tatsächlich ein Sensationsfund. Hugh Miller hatte so etwas noch nie zuvor gesehen. Und so begann eine Freundschaft und Zusammenarbeit, die mehr als elf Jahre andauern sollte. Hugh Miller ermutigte Robert Dick, weiterzuforschen. Und Robert Dick brach zu noch häufigeren und weiteren Streifzügen auf, Hammer und Meißel immer in Reichweite, und die schönsten Versteinerungen, die er fand, schickte er umgehend zu Miller nach Edinburgh. Miller untersuchte sie, und wenn sie als etwas Besonderes anzusehen waren, schrieb er in der *Witness* oder in einem seiner Bücher darüber. Manchmal erwähnte er dabei Robert Dicks Namen und überließ ihm zumindest einen Teil der Ehre. Doch darauf schien es diesem gar nicht anzukommen. In seinen Briefen betonte er stets, dass er auch nicht erwarte, die Fossilien zurückzubekommen, seine Freude und sein Lohn bestehe einfach nur darin, Hugh Miller, dem großen Wissenschaftler, zuzuarbeiten. Nachdem dieser ihn wieder einmal namentlich in einem Artikel der *Witness* erwähnt hatte, bat Robert Dick ihn sogar ausdrücklich, dies zu unterlassen: »Nennen Sie bitte nicht so oft meinen Namen. Ich bin ein bescheidener Mensch und mag es nicht, mich irgendwo gedruckt zu sehen.«

Der Kontakt mit Hugh Miller schenkte Robert Dick offensichtlich neue Energie. In schönen und wortreichen Briefen beschrieb er seine Streifzüge sowie seine Entdeckungen, sodass man darin deutlich eine neu erwachte Liebe zur Landschaft herauslesen konnte, eine Leidenschaft, die immer da gewesen war, nun aber neue Gestalt annahm. In einem Brief an Miller schrieb er mit beinahe ehrfürchtigem Staunen über einen Tag, an dem er am Dunnet Head nach Versteinerungen gesucht hatte:

»Es gibt Augenblicke, in denen wir Sterbliche reichlich entschädigt werden für jahrelangen Kummer. So einen Augenblick durfte ich jetzt erleben. Ich stand da und war nach allen Seiten hin umgeben von Beweisen für die vergangenen Konvulsionen und Veränderungen der Welt. Dennoch war es, als triebe eine ganze Kaskade von Leben durch den Sonnenschein, Kristalltropfen, die meine lehmverkrusteten Stiefel schmückten. Columbus ist hier nie vor Anker gegangen. Kein Philosoph hat dieses Paradies je betreten. Es war eine vollkommen neue Welt, und für mich war es in dem Moment *die* Welt.«

In einem anderen Brief an Miller beschrieb er das besondere Gefühl der Anwesenheit von längst Vergangenem in der Landschaft, wie er während seinen Wanderungen gewissermaßen eine direkte Verbindung mit dem Leben spürte, das vor Hunderten von Millionen Jahren stattgefunden hatte, lange bevor überhaupt ein Mensch seinen Fuß dorthin gesetzt hatte: »Ich marschiere weiter über die Überreste längst vergangener Tage und meditiere an den Gräbern der Millionen von Lebewesen, die einst hier gelebt haben.«

Hugh Miller wurde zu einer immer wichtigeren Person in Robert Dicks Leben. In erster Linie durch den Briefwechsel, doch hin und wieder kam er ihn auch in Thurso besuchen. Immer nur für kurze Zeit, in denen die beiden sich auf Wanderungen entlang der felsigen Strände begaben, bevor Miller auch schon wieder nach Edinburgh zurückmusste, um seinem Redaktionsjob nachzugehen. Und Robert Dick schrieb ihm dann, wie sehr er sich bereits nach seinem nächsten Besuch sehnte: »Kannst du mir kurz schreiben, wann du wiederkommst? Dann kann ich versuchen, mir freizunehmen, und dafür sorgen, dass alles bereit ist. Ich freue mich so auf ein Wiedersehen, wir werden einen wunderbaren Tag zusammen verbringen.«

Vielleicht suchte er Hugh Millers Nähe, weil er nicht mehr viele andere hatte, die ihm nahestanden. Und vielleicht versenkte er sich so tief in seine geologischen Studien, weil sie ihm Trost spendeten. Die Suche nach Fossilien und Überresten, die Jagd nach Spuren vom Kreislauf des Lebens, von dem er immer stärker spürte, dass er Teil von ihm war. Vielleicht war es seine Art, nicht nur mit seiner Einsamkeit, sondern auch mit seiner Sterblichkeit zurechtzukommen.

Robert Dicks Vater sowie seine Schwester Jane waren bereits vor mehreren Jahren aus Thurso weggezogen. Sie hielten schriftlich Kontakt, doch zu Beginn des Jahrs 1846 wurde Thomas Dick krank. In seinem letzten Brief an Robert schrieb er: »Lieber Robert, bete für mich. Möge Gottes Segen dich in diesem Leben begleiten und dich hernach auf den Weg der Herrlichkeit führen.«

Fünf Wochen später starb Thomas Dick. Robert Dick bewahrte seinen letzten Brief zusammen mit einer Locke seiner Mutter in einer Schachtel auf. Er hatte nicht das Geld, um zur Beerdigung zu fahren, erhielt jedoch einen Brief von Jane, die ihm die Zeremonie genau beschrieb. In der Antwort, die er ihr sandte, klang es, als würde alles, was er über Fossilien und vergangenes Leben gelernt hatte, nun auch seine Trauer einfärben: »Die Zeit wird vergehen, und irgendwann sind wir nicht mehr hier. Das ist alles, was war und was sein wird. Nur der Schöpfer selbst ist dem Wandel nicht unterworfen.«

Über mehr als elf Jahre dauerten der Briefwechsel und die Zusammenarbeit zwischen Robert Dick und Hugh Miller an. Hunderte Fossilien wurden per Dampfschiff nach Edinburgh transportiert, und mit ihrer Hilfe legte Miller den Grundstein für seinen bedeutenden wissenschaftlichen Ruf. In einer Rede vor der Royal Physical Society of Edinburgh berichtete er großzügig, wie er an einen Großteil der Fossilien herangekommen war, die er in seinen Büchern und Artikeln präsentierte: »Ich habe sie der Freigebigkeit meines unermüdlichen Freundes Mr Robert Dick zu verdanken, einem Mann, der sich selbst hintanstellt, nur um mir zu dienen.«

Doch für Robert Dick schienen Worte des Dankes weiterhin keinen großen Wert zu haben. Was er tat, tat er aus Neugier, im Namen der Wissenschaft und für sich selbst. Weil es da draußen auch weiterhin noch so viel zu entdecken gab und das Wissen darum, dass es das Unbekannte gibt, an sich unerträglich ist. Weil er wissen *musste*.

1856 erkrankte Hugh Miller. Wahrscheinlich litt er an einer schweren Depression. Er hatte ständig starke Kopfschmerzen und Angst, in einen psychotischen Zustand zu geraten, in dem er möglicherweise seiner Frau und seinen Kindern schaden könnte. In den Briefen aus dieser Zeit geht es zwischen Robert Dick und Hugh Miller ebenso viel um Religion wie um Geologie. Um das mögliche oder unmögliche Bestreben, die Schöpfungsgeschichte der Bibel mit den Spuren der Evolution zu vereinen, die sie in der Natur vorfanden. Um das Bedürfnis des Menschen, sich als Krone der Schöpfung über das Irdische zu erheben, aber auch um die tiefe Demut, die man angesichts der Großartigkeit aller Dinge und der seltsamen Formen und Gestalten des Lebens, gegenwärtiger wie auch vergangener, empfinden konnte.

In einem seiner letzten Briefe an Hugh Miller berichtete Robert Dick von einer weiteren Wanderung zum Dunnet Head. Einen ganzen Tag hatte er bei stürmischem Wetter unter den gewaltigen Klippen den Stein mit dem Hammer bearbeitet und doch nichts von Wert gefunden, nur eine Bestätigung dessen, was ihm in seinen Begegnungen mit der Natur immer wieder in den Sinn gekommen war: »Was für überflüssige Wesen, was für Milben wir doch im Vergleich zur Kraft der Erde und der Großartigkeit des Meeres sind.«

Am Morgen des 24. Dezember 1856 nahm Hugh Miller sich das Leben, indem er sich mit einem Revolver erschoss. In der beeindruckenden Biografie, *The Life of Hugh Miller,* die nur wenige Jahre später erschien, wurde Robert Dick mit keinem Wort erwähnt. Doch die Erinnerung an ihre Freundschaft lebte umso stärker in dem fort, der zurückgeblieben war. Seiner Schwester schrieb Robert Dick einige Zeit nach Millers Tod: »Armer Hugh! Ich kannte ihn so gut! Ich werde mich stets an ihn erinnern. Er ist bei mir und wird es immer bleiben. Ich kann keinen Stein ansehen, ohne an ihn zu denken.«

~ ~ ~

In dem Maße, in dem die Evolution in erster Linie eine Geschichte der Veränderung ist – darüber, wie sich das Leben und all dessen Formen entwickeln –, ist natürlich auch die Geschichte der Evolution einem ständigen Wandel unterworfen. Neue Entdeckungen schaffen neues Verständnis, neue Analysen und Deutungen verändern unsere Sicht darauf, wie das Leben sich im Laufe der Zeit nach bestem Vermögen angepasst hat; Arten, die gekommen und gegangen, entstanden und wieder ausgestorben sind; bisweilen gab es auch Revolutionen, die durch neue Adaptionen die Evolution in eine neue Richtung gestoßen haben. Ein Fossilienfund kann so gesehen die Geschichte der Fortpflanzung verändern. Es braucht keine große Veränderung zu sein. Es braucht keine Entdeckung zu sein, die alles, was wir zuvor zu wissen glaubten, über den Haufen wirft. Jeder neue Fund und jede neue Entdeckung oder Erkenntnis baut vielmehr auf der bereits bestehenden Geschichte auf, ist ein weiterer Stein auf dem Haufen.

Robert Dicks Entdeckung war vielleicht nicht die wichtigste und entscheidendste der Evolutionsgeschichte, dennoch veränderte sie tatsächlich etwas, und es ist wirklich traurig, dass er selbst nie begriff, wie bemerkenswert sie eigentlich war. Das tat übrigens auch keiner der anderen zeitgenössischen Geologen oder Biologen. Erst viele Jahre später erkannte die Wissenschaft, was sein Fund eigentlich bedeutete.

2014 nämlich fand ein Professor namens John Long in einer Kiste ein altes Fossil und beschloss, es näher zu untersuchen. Dabei stellte er fest, dass ausgerechnet dieser primitive Urzeitfisch, ein Placoderm, etwas ganz Besonderes hatte: Das Männchen besaß ein seltsames L-förmiges Glied und das Weibchen eine Art knochiger Platten außen am Körper. John Long zog daraus den Schluss, dass das Glied nichts anderes als ein Penis war, und zwar der allererste in der Geschichte, und dass das Männchen damit seine Spermien in das Weibchen gebracht hatte. Was er unter dem Mikroskop betrachtete, waren Spuren der ersten je bekannt gewordenen sexuellen Penetration und damit der ersten bekannten internen Befruchtung. Der Professor hatte sogar eine Theorie dazu, wie sie im Einzelnen vonstattengegangen sein könnte: »Sie können es nicht in der Missionarsstellung gemacht haben«, stellte er fest. Die anatomischen Details deuteten vielmehr darauf hin, dass sie Seite an Seite kopuliert hätten. »Ungefähr wie beim Squaredance«, meinte John Long. Mit kleinen Ärmchen hielten die Fische einander demnach fest, während das Männchen seinen L-förmigen Penis in Position brachte. Die speziell geformten Knochenplatten des Weibchens mit ihrer etwas rauen Oberfläche (Professor Long verglich sie mit einem Reibeisen) hielten anschließend das Männchen an Ort und Stelle.

Für einen Evolutionsbiologen war das eine sensationelle Entdeckung. Nicht nur, weil es sich möglicherweise um das erste Lebewesen handelte, das sich durch Penetration und interne Befruchtung fortpflanzte, sondern auch, weil es das wissenschaftliche Verständnis der Entwicklung der sexuellen Reproduktion veränderte. Lange hatte man geglaubt, Arten, die sich durch interne Befruchtung fortpflanzten, könnten sich zwar aus Arten entwickeln, die dies nicht taten, aber nicht umgekehrt. Wenn eine Spezies einmal mit Penetration begonnen hätte, so würde dies durch alle weiteren evolutionären Verwandtschaftslinien fortgeführt. Hier aber gab es einen primitiven Fisch, der sich mittels interner Befruchtung fortpflanzte, dennoch aber offensichtlich Vorgänger von heutigen Fischen war, die dies zum größten Teil nicht tun. Damit war bewiesen, dass eine umgekehrte Entwicklung eben doch möglich war.

Die Wissenschaftler waren selbst ein wenig verblüfft darüber, dass niemand bisher zu diesem Schluss gekommen war. Placodermi sind ziemlich gut erforscht, es gibt zahlreiche Fossilien, und es war ja nicht so, dass dieses an einem abgelegenen oder exotischen Ort gefunden worden wäre. »Es ist sehr bemerkenswert, dass wir das bisher übersehen haben«, kommentierte der Paläontologe Matt Friedman. »Immerhin ist die Versteinerung in Schottland gefunden worden.«

Anderthalb Jahrhunderte zuvor hatte der schottische Bäcker Robert Dick an einem Strand bei Thurso gestanden und ebendieses Fossil in der Hand gehalten. Vielleicht bürstete er es ab und dachte: Das ist aber ein schöner Fund, ein besonders gut erhaltener. Vielleicht dachte er, dieser könnte sich in seiner Sammlung gut machen, vielleicht würde sogar darüber geschrieben werden. Vielleicht überlegte er auch, wie dieser seltsame Fisch aus längst vergangener Zeit, der seinen Abdruck im Sandstein hinterlassen hatte, sich einmal weit unter der Meeresoberfläche fortbewegt hatte, mühelos über dem dahinschwebend, was jetzt Land war, und dass er selbst eines Tages so enden würde, als versteinertes, anonymes Fossil, festgewachsen und verewigt im Fels. Ob ihn da wohl mal jemand finden würde?

~ ~ ~

Nach Hugh Millers Tod veränderte sich Robert Dicks Leben. Durch die Bücher und Artikel seines Freundes hatte er sich trotz allem einen Namen gemacht, zumindest in den engsten Kreisen des damaligen naturwissenschaftlichen britischen Establishments. Er bekam Briefe von Geologen und Botanikern, die mit ihm diskutieren wollten oder auf weitere Fossilienfunde von ihm hofften. Manchmal suchten ihn die Leute auch in seiner Bäckerei auf. Wenn jemand dabei war, der über genügend Wissen verfügte, um seinen Respekt zu verdienen, lud er ihn ein und zeigte ihm seine Sammlungen, meist aber wimmelte er ab, indem er sagte, er habe zu tun. Er mochte es nicht, im Zentrum der Aufmerksamkeit zu stehen, das Interesse fremder Leute war ihm nach wie vor unangenehm.

Doch er setzte seine Wanderungen fort und wandte sich nach dem Tod seines Freundes wieder stärker den Blumen und Pflanzen zu. Meist machte er sich auf, um nach einem Exemplar zu suchen, das seine Sammlung der Vollständigkeit noch einen Schritt näher brachte. Er hielt den Kontakt mit verschiedenen Botanikern und Geologen aufrecht und diskutierte mit ihnen zum Beispiel Darwins neueste Erkenntnisse zur Evolution sowie zur natürlichen Selektion. Doch in den persönlicheren Briefen an seine Schwester kam ein Mensch zum Vorschein, der zunehmend müde und desillusioniert wirkte. Seine Gesundheit ließ ihn im Stich. Er war erst um die fünfzig, spürte jedoch bereits die ersten körperlichen Alterserscheinungen. Ihn plagten starkes Rheuma und anhaltender Husten. Er begann, über chronische Schmerzen, Niedergeschlagenheit und Erschöpfung zu klagen, über ein Leben, das ihm keine Freude mehr machte.

Gleichzeitig verschlechterten sich seine Geschäfte. Mehrere neue Bäcker hatten in Thurso eröffnet, und Robert Dick war nicht konkurrenzfähig. Er hatte nie viel verdient, aber immerhin genug, um seine Unkosten zu decken und etwas Geld für Bücher beiseitezulegen. Jetzt hatte er nicht einmal mehr genug, um sich neue Kleider zu kaufen oder die Brille, die er so dringend benötigte. Seine Schwester bot ihm an, sowohl Kleider als auch Geld zu schicken, doch das wies er entschieden zurück: »Du glaubst nicht, wie schlecht es sich körperlich und auch seelisch anfühlt, wenn man etwas tragen muss, wofür man nicht selbst geschuftet hat. Außerdem hast du wahrscheinlich selbst gerade genug, um zurechtzukommen.«

Im März 1863 schließlich kam es zur Katastrophe. Dreiundzwanzig Säcke feines Mehl hatte Robert Dick beim Kaufmann in Leith bestellt, und es war bereits auf einem Dampfer zu ihm unterwegs, als dieser aus irgendeinem Grund im Hafen von Aberdeen auf den Pier auffuhr und liegen blieb. Es herrschte zu dem Zeitpunkt kein starker Seegang, Gerüchten zufolge war der Kapitän betrunken, und als das Meer anschließend zurückging, brach das Schiff in der Mitte entzwei. Die dreiundzwanzig Säcke Mehl waren vernichtet, und Robert Dick hatte keine Versicherung dafür abgeschlossen. Er war ruiniert.

Zum ersten Mal in seinem Leben musste er um Hilfe bitten. Er schrieb seiner Schwester und fragte, ob sie vielleicht noch Ersparnisse hätte, und falls ja, ob sie ihm etwas leihen könne. Gegen Zinsen natürlich. Sie schickte ihm sofort zwanzig Pfund, die jedoch nicht einmal genügten, um die Hälfte der Schulden zu begleichen, die er wegen des verlorenen Mehls gemacht hatte. Er begann zu überlegen, was er an Wert besaß und veräußern konnte. Da gab es nicht viel. Außer seinen Sammlungen.

Ende März 1863 schrieb Robert Dick einen verzweifelten Brief an einen Geologen in London und bot diesem an, ihm seine gesamte Fossiliensammlung zu verkaufen, für so viel, wie er meinte, dass sie wert wäre. Der Geologe bot ihm großzügig an, ihm das Geld stattdessen zu schenken, doch darauf wollte Robert Dick sich nicht einlassen. Am Ende stimmte der Geologe dem Geschäft zu und bot an, die Sammlung für sechsundvierzig Pfund zu kaufen, genau die Summe, die Robert Dick für das Mehl schuldig war. Und so verpackte dieser seine Fossilien in Kisten, versah sie gewissenhaft mit Etiketten, aus denen hervorging, worum es sich handelte und wo er sie gefunden hatte, und schickte alles zusammen nach London, um sie anschließend nie wiederzusehen. An seinen Schwager schrieb er später: »Ich habe keine Fossilien mehr. Ich habe sie alle verloren. Ach, wie oft hat mein Herz vor Stolz laut geklopft, wenn ich in Büchern Versteinerungen sah und – bescheiden wie ich bin – dachte, ja, die sind ganz nett, aber ich habe noch viel schönere. Das ist jetzt vorbei, sie sind alle fort. Sie existieren nur noch in meiner Erinnerung, und ich habe keine Hoffnung, je wieder etwas Ähnliches zustande zu bringen.«

Den Rest seines Lebens verbrachte Robert Dick in tiefster Armut. Er führte weiterhin seine Bäckerei, hielt sich damit jedoch nur knapp über Wasser. Er unternahm immer noch Streifzüge, um Farne, Gräser und Wildrosen zu pflücken, doch diese Wanderungen gerieten immer kürzer und wurden seltener. Eines Herbsttags erhielt er einen Brief von einem Professor, dem man den Tipp gegeben hatte, in Thurso gebe es einen Bäcker, der sich ausgezeichnet mit der Welt der Natur auskenne. Es hieß, ein Pottwal sei unweit von Thurso an Land gespült worden, und der Professor wollte sich nun, aus wissenschaftlichen Gründen, dessen Knochen annehmen. Ob Robert Dick vielleicht so freundlich sein könne, sich den Wal einmal anzusehen und sich zu vergewissern, dass es sich wirklich um einen Pottwal handelte?

Dem Gerücht zufolge war der Wal irgendwo in der Nähe von Sandside gestrandet, etwa zwei Meilen von Thurso entfernt, und Robert Dick buk die ganze Nacht, um sich im Morgengrauen auf den Weg machen zu können. Doch als es so weit war, verschlechterte sich das Wetter, es wurde eiskalt und regnete, und Robert Dick setzten Rheuma und Husten noch schlimmer zu als sonst. Er musste einsehen, dass er die Strapazen der Wanderung nicht bewältigen würde. Er, der sich früher bei jedem Wetter hinausbegeben hatte, der so viele Male allein durch diese Landschaft gezogen war, jeden Berg und jeden Hügel bestiegen hatte, durch kaltes, schäumendes Salzwasser gewatet war, der jedes tückische Moor und jede bräunlich düstere Heide, jeden Steinstrand und jede zerklüftete Schlucht kannte; er, der dem Meer sein Leben lang die Geheimnisse abgerungen hatte, die sich einst in ihm verborgen hatten oder immer noch verbargen, hätte diesmal einfach nur eins der seltenen, wenn auch gewaltig großen Geheimnisse aufsuchen müssen, die das Meer vollkommen freiwillig hergab, nämlich einen gestrandeten Wal. Und er sah sich nicht einmal in der Lage, auch nur den Versuch dazu zu unternehmen.

~~~

Robert Dick fand also niemals seinen Wal. Oder gelang ihm am Ende genau das?

Während seiner letzten, von Krankheit überschatteten Jahre nahm Robert Dick trotz aller Widrigkeiten seine Suche nach Versteinerungen wieder auf. Müde und körperlich eingeschränkt, seiner Sammlung verlustig gegangen, begab er sich dennoch mit Hammer und Meißel auf die Suche nach Urzeitfischen. Er hatte einen letzten Wunsch. Er wollte unbedingt noch ein einziges, wirklich besonderes Exemplar finden. Eins, das die Hunderte von hübschen, oft aber unvollständigen Fossilien übertraf, die er bisher gefunden hatte. Er wollte es für sich tun, aber auch für Hugh Miller. Sich etwas widmen, das sein Elend vielleicht zu lindern vermochte. Eine letzte Anstrengung im Wissen, dass seine Zeit nunmehr begrenzt war.

Insbesondere träumte Robert Dick davon, dass es ihm gelingen würde, eine Theorie zu beweisen, die Hugh Miller auf Grundlage seiner Entdeckungen aufgestellt hatte. Vor langer Zeit hatte er mehrere Versteinerungen einer besonderen Art von Urzeitfischen gefunden. Keine vollständigen Fossilien, sondern eher Fragmente, hier einen Knochen und da einen. Diese hatte Miller zusammengepuzzelt und festgestellt, dass es sich um eine neue, der Wissenschaft bisher unbekannte Art handeln musste. Er nannte sie *Asterolepis,* eine Art Placoderm. Geologen
~~~

in London hatten nach seinem Tod jedoch begonnen, diese Theorie infrage zu stellen. Sie meinten, Miller habe lediglich die Knochen verschiedener Arten zusammengelegt, es sei Pfusch. Wenn er selbst nur ein einziges vollständiges Fossil finden würde, dachte Robert Dick, einen Stein, der bewies, dass er und Hugh Miller die ganze Zeit recht gehabt hätten, dann würde er nichts weiter vom Leben verlangen.

Er begab sich zu denselben Stellen seiner heimatlichen Küste, an denen er schon so viele Fossilien gefunden hatte. Er klopfte sich durch die salzgesprenkelten Klippen, bei Regen und bei Kälte, und fand wieder nur jede Menge Bruchstücke. Größere und kleinere, in ihrer Unvollständigkeit aber vollkommen wertlos für ihn.

Dann aber, am 31. Oktober 1863, geschah es endlich. Es war ein kalter und stürmischer Tag. Robert Dick war bereits um Mitternacht aufgestanden, um das Brot für den Tag zu backen, und hatte sich anschließend auf den Weg gemacht. Er ging zu dem Ort, an dem er zu Millers Lebzeiten unmittelbar an der Uferkante Spuren von Fossilien gesehen hatte. In einem kleinen, mit Salzwasser gefüllten Bassin entdeckte er Teile von Versteinerungen, die genau auf jenen Urzeitfisch hindeuteten, den er suchte. Er brauchte eine Stunde, um das Wasser abzuschöpfen, das die Steine bedeckte, und als er diese anschließend bearbeitete, stellte er fest, dass sich darunter noch ein weiteres Fossil verbarg. Ein sehr viel größeres und anscheinend vollkommenes.

Drei Tage hintereinander kehrte er immer wieder zu dieser Stelle zurück und arbeitete mit Hammer und Meißel. Und ganz langsam trat ein Fossil aus dem Fels. Ein großes und vollständiges von genau der Art Urzeitfisch, dessen Existenz er und Miller vergeblich zu beweisen versucht hatten.

Robert Dick zog Hut, Mantel und Schal aus, krempelte die

Ärmel hoch und kniete sich auf die harten, nassen Klippen. Es regnete und stürmte, doch er hämmerte vorsichtig weiter, erschöpft und völlig durchnässt. Der Stiel des Hammers brach ab, Robert Dick aber gab sich nicht geschlagen. Endlich gelang es ihm, den großen Stein aus dem Fels zu lösen, und mit viel Mühe schleppte er ihn den ganzen Weg bis nach Hause zurück. Am Abend schrieb er seinem Schwager: »Ich bin müde und erschöpft, aber ich fühle mich so froh wie nie zuvor.«

Und da war er also. Robert Dicks wichtigster Fund, der auch sein letzter sein sollte. Das Testament, das sicherstellen würde, dass all seine Mühen und Entbehrungen sich am Ende doch gelohnt hatten und nicht vergessen werden würden. Das Fossil, das bewies, dass es sich bei diesem Urzeitfisch tatsächlich um eine neue und bis dahin unbekannte Art handelte. Ein Placoderm oder Panzerhai, von dem man bisher nicht gewusst hatte, dass es ihn gab. Der, wie viel später herausgefunden wurde, das erste bekannte Lebewesen war, das sich durch Penetration und interne Befruchtung fortpflanzte. Eine kleine naturwissenschaftliche Sensation und ein nicht unbedeutendes Ästchen im gewaltigen und weitverzweigten Baum der Evolutionsgeschichte.

Doch davon ahnte Robert Dick zum damaligen Zeitpunkt noch nichts. Und er sollte es auch nie erfahren. Seine letzten Lebensjahre verbrachte er elend und allein. Er war krank und wurde immer depressiver. Das Rheuma machte ihm zu schaffen, ihn plagten Schmerzen und Atemnot. Wasser lagerte sich in seinem Körper ein, und irgendwann waren seine Beine so geschwollen, dass er das Bett nicht mehr verlassen konnte. Die Briefe an seine Schwester und seinen Schwager sind in kraftloser, zittriger Schrift verfasst. Er wusste, dass es aufs Ende zuging. Doch im Kopf blieb er klar, den Blick hielt er fest darauf gerichtet, was noch immer und für ihn für immer fremd und unerforscht geblieben war.

»Wie elend arm wir doch sind, die wir über Dinge spekulieren, über die wir so wenig Kenntnis haben. Die Sterne zum Beispiel, so fern in der Unendlichkeit. Was wissen wir über sie? Sind es ebenfalls Sonnen, jede von ihnen der Mittelpunkt eines ganzen Planetensystems? Leiden und sterben die dort Lebenden so wie wir? Ach, wie wenig wissen wir doch über die Welt, in der wir leben.«

Am Morgen des 24. Dezember 1866 starb Robert Dick zu Hause einen stillen Tod. Er wurde fünfundfünfzig Jahre alt.

~ ~ ~

Wer war Robert Dick?

Er war »The Baker of Thurso«, der Bäcker von Thurso. Als solcher nicht sonderlich erfolgreich und niemandem im Gedächtnis geblieben, und doch ist dies der Titel, den man ihm gibt, wenn man doch einmal von ihm spricht.

Er war ein leidenschaftlicher Mensch. Vielleicht nicht, was seinen Beruf anging; Bäcker war er notgedrungen geworden, weil er sich irgendwie versorgen musste. Seine Leidenschaft hatte sich voll und ganz auf das gerichtet, worum sein Leben sich jenseits des mehlbestäubten Backtischs drehte: auf die nahezu täglichen Wanderungen in der unwegsamen Gegend um Thurso, auf die Pflanzen und Blumen, Schnecken und Insekten, Steine und Fossilien, auf das ganze umfassende Wissen, das er sich als Autodidakt über das Leben und die Welt um sich herum erwarb. Auf die Liebe zu Büchern und zu Wörtern.

Er war ein gläubiger Christ, grübelte gleichzeitig aber auch ständig darüber nach, wie die unbestreitbaren Veränderungen der Lebensformen mit der Geschichte von einem allmächtigen Schöpfer zusammenzubringen wären.

Er war ein einsamer Mensch. Sein Leben lang unverheiratet und kinderlos, lange Zeit auch von Eltern und Geschwistern entfremdet und mit nur wenigen Freunden, zu denen er hauptsächlich über Briefe in Kontakt stand.

Er war ein armer Mensch. Erfolglos in seinem Beruf und ohne finanzielle Mittel für irgendetwas, das über das Lebensnotwendige hinausging. Mit der Zeit reichte es kaum einmal dafür.

Er war ein zufriedener Mensch, trotz allem. Oft schien er wirklich Freude am Leben zu haben, selbst wenn es gerade am schwierigsten war. Er beklagte sich selten und konnte große Begeisterung über die kleinen und auf den ersten Blick ganz einfachen Dinge zum Ausdruck bringen.

Er war ein poetischer Mensch. Er sah die Schönheit in der Natur, die ihn umgab, im Meer, das seine Welt umschloss, und er verlor nie das Staunen darüber.

Er war ein witziger Mensch. Er hatte eine komische, ironische, vielleicht typisch schottische Einstellung seinem eigenen Dasein gegenüber und den Entbehrungen, die es mit sich brachte.

Er war ein bescheidener Mensch. Es gibt ein Porträt von ihm, eine einfache Radierung des Künstlers Paul Rajon, auf dem er den Betrachter beinahe verlegen anzusehen scheint. Welliges Haar, buschige Koteletten und einen dunklen, schweren Mantel um die Schultern. Er wirkt wie jemand, der noch nie porträtiert worden ist und der nicht richtig weiß, wozu das gut sein soll.

Er war ein Mensch unter vielen anderen. Zu Lebzeiten nahezu unbemerkt. Eine flüchtige Skizze auf einer beschlagenen Fensterscheibe. Die Art Persönlichkeit, deren Charakter und Umrisse bestenfalls ein paar Generationen lang im Gedächtnis bleiben, um dann rasch zu verblassen.

Obwohl – nein. Ganz so war es bei Robert Dick dann doch nicht. Etwas hinterließ er schließlich für die Ewigkeit.

Gut zwanzig Jahre nach seinem Tod erhielt der Fisch seinen Namen, dieser primitive Urzeitfisch, dessen Fossil ausgerechnet er gefunden hatte und der viel später als so etwas wie eine Sensation in die evolutionäre Geschichtsschreibung eingehen sollte, als sich nämlich herausstellte, dass es sich bei ihm nach heutigem Wissensstand um das erste Lebewesen handelte, das sich mittels Penetration und interner Befruchtung fortpflanzte. Es erhielt den Namen *Microbrachius dicki*.

~ ~ ~

Woher kommt das Bedürfnis, von jemandem wie Robert Dick zu erzählen?

Vielleicht daher, dass sein Leben etwas Grundsätzliches über den Platz jedes einzelnen Menschen in der Geschichte aussagt. Weil an ihm exemplarisch gezeigt werden kann, an wen man sich erinnert und wer vergessen wird. Ein Einziger darf einer Weltumseglung seinen Namen geben. Der andere wird in den Marginalen eines wissenschaftlichen Artikels über einen primitiven Fisch versteckt, der möglicherweise der Erste war, welcher Sex mittels Penetration praktizierte. Nur wer Geschichtsbücher als eine Art Ergebnisliste betrachtet, interessiert sich dafür, die Großtaten gegeneinander abzuwägen.

Vor allem aber möchte ich von Robert Dick erzählen, weil ich ihn als typischen Vertreter einer bestimmten Eigenschaft sehe. Einer angeborenen, unstillbaren Neugier, die sich im Laufe der Geschichte zuweilen als eine der zerstörerischsten menschlichen Eigenschaften gezeigt hat, zuweilen aber auch als eine der schönsten. Bei Robert Dick macht ebendiese Eigenschaft seinen Lebensgeist aus. Er hatte den Drang, zu verstehen und der Welt näherzukommen, obwohl die Umstände es ihm nicht erlaubten, die Welt persönlich zu bereisen. Das Bedürfnis, das Leben und die Dinge um sich herum zu beschreiben, war anscheinend eine sehr starke und unbezwingliche Triebkraft. Die meilenweiten Wanderungen durch das Schottische Hochland, über Klippen und Heide, bei Regen, Schnee und Eiswind. Dieses geradezu manische Sammeln von Pflanzen, Steinen, Schnecken, Insekten und Wissen.

Wozu? Ganz offenbar nicht wegen des Geldes. Auch nicht, um Macht, Prestige oder einen Status zu erwerben. Nicht aufgrund von Pflicht oder Zwang. Robert Dick wollte einfach nur verstehen. Er las und beobachtete, beschrieb und begriff. Er musste so viel wie möglich über diese rätselhafte und oft unwirtliche Welt herausfinden, um seinen Platz in ihr zu finden.

Diese Art von Neugier, diese Triebfeder, besitzen natürlich nicht alle Menschen, aber doch recht viele. Mit ihr beginnt jener Wissens- und Erkenntnisprozess, den wir irgendwann »Wissenschaft« genannt haben. Es ist eine Triebkraft, die der Lust verwandt ist. Es ist der Mensch, der Wissen sammelt, weil er es einfach nicht lassen kann. Es ist der Mensch, der in ständigem Kontakt zu einer *Menschheit,* einer Zugehörigkeit und einem Zusammenhang steht, die sich sowohl über die Weltmeere als auch über Generationen erstrecken.

Es ist der beobachtende, beschreibende, suchende und untersuchende Mensch.

Es ist der lotende Mensch.

Die größte Tiefe

Es war früh am Morgen des 23. Januar 1960, und das Meer war unruhig. Wind, der sich Sturmstärke näherte, und bis zum Horizont hohe, schäumende Wellen. Sie waren seit fast vier Tagen unterwegs. Am 19. Januar hatte der amerikanische Schlepper Wandank den Hafen auf Guam verlassen, eine der Marianen, der Inselgruppe im Westpazifik, die die Polynesier mehr als viertausend Jahre zuvor entdeckt und kolonisiert hatten und vor der Ferdinand Magellan den Anker geworfen hatte und der er, nachdem ihm ein kleines Beiboot gestohlen wurde, den Namen Ladronen gegeben hatte, Inseln der Diebe.

Von Guam aus war die Wandank, eskortiert von einem Zerstörer der amerikanischen Marine, nach Südwesten gefahren und hatte dabei ein ungewöhnliches Unterwasserfahrzeug an einem Seil hinter sich hergeschleppt. Sie hatten sich wegen der harten Wetterverhältnisse verspätet. Im Sturm war das Abschleppseil zwischen der Wandank und dem Unterwasserfahrzeug durchgerissen. Sie mussten für improvisierte Reparaturen und Rettungsaktionen anhalten, und als sie letzten Endes am 21. Januar am vorgesehenen Ort ankamen, war es schon spät am Tag. Als der Wind am nächsten Tag weiter zunahm, mussten sie noch eine Nacht ungeduldig warten.

Jetzt aber, früh am Morgen des 23. Januar, waren sie bereit. Es war drückend heiß und feucht, der Wind war immer noch stark und die Wellen hoch, aber sie fanden, dass es keine große Rolle spielte, da sie zu einem bedeutend ruhigeren Ort unterwegs waren. Durch die schweren Regenwolken, die den Himmel bedeckten, war es fast vollkommen dunkel, aber auch das machte eigentlich keinen Unterschied, da sie sich an einen noch viel dunkleren Ort begeben wollten.

Die Wasseroberfläche schimmerte von den Leuchtfackeln, flackernde Lichter, die sich mit den Wellen hoben und senkten und dazu dienten, den genauen Startplatz der Expedition zu markieren. Seit ihrer Ankunft hatte der amerikanische Zerstörer die Tiefe mithilfe von Sprengstoff ausgelotet. Mehr als achthundert Ladungen TNT hatten sie auf den Grund sinken lassen, und indem sie die Zeit maßen, die das Geräusch brauchte, um von der Detonation bis zur Oberfläche zu kommen, konnten sie genau bestimmen, wo es am allertiefsten war.

Unter ihnen lag jetzt das sogenannte Challengertief, benannt nach dem britischen Schiff HMS Challenger, das es auf seiner langen Ozeanexpedition in den 1870ern entdeckt hatte. Die Pazifische Platte fällt hier unter die kleine Marianenplatte ab, wodurch ein tiefes Tal auf dem Meeresboden entsteht, das der Marianengraben genannt wird. In der Form einer Mondsichel erstreckt dieser sich mehr als zweitausendvierhundert Kilometer zwischen Japan und Neuguinea, und in seiner südwestlichen Spitze befindet sich ebenjener Abgrund, der sich noch tiefer in die Erdkruste gräbt: das Challengertief, das mit nahezu elftausend Metern die tiefste Tiefe des Meers ausmacht. Ein so entlegener Ort, dass man ihn nicht einmal mit seiner Vorstellungskraft erreichen kann.

Aber was, wenn man doch dorthin reisen könnte. Was, wenn man das richtige Fahrzeug hätte oder mutig genug wäre. Oder tollkühn genug. Oder vielleicht einfach nur neugierig.

Die beiden Männer, die sich mithilfe eines Gummibootes in

der Dämmerung zu dem ungewöhnlichen Unterwasserfahrzeug begaben, hießen Don Walsh und Jacques Piccard. Walsh war ein achtundzwanzigjähriger Offizier der amerikanischen Marine, klein und muskulös, mit einer militärischen Kurzhaarfrisur. Piccard war ein großer, schmaler siebenunddreißigjähriger Schweizer, der seine Karriere als Ökonom aufgegeben hatte, um sich Forschung und Abenteuern zu widmen. Es war Januar 1960, knapp ein Jahr bevor der Russe Juri Gagarin der erste Mensch im Weltall werden sollte, und die beiden hatten die Absicht, die ersten Menschen auf dem allertiefsten Grund des Meeres zu werden. Als Abenteuer betrachtet, war es eine ebenso große Leistung, und vermutlich war es sogar ein bisschen gefährlicher.

~ ~ ~

Wo findet man den lotenden Menschen heutzutage eigentlich? Wo findet man die Entdecker in einer Zeit, in der schon so viel entdeckt und aufgeklärt wurde?

Man findet ihn im Weltall, in Laboren und in der digitalen, künstlichen oder simulierten Welt, aber natürlich auch im Meer. Unter Ozeanografen und Meeresbiologen, die auf der Jagd nach noch unentdeckten Informationen über den Meeresgrund oder bisher unbekannte Arten sind, um sie der Liste hinzufügen zu können, unter den Menschen, die sich selbst in ein Senkblei verwandeln und sich in die Meerestiefe hinabbegeben, zu dem noch Dunklen und Unbekannten. Die sich bewusst und freiwillig an Orte begeben, wo sie im wahrsten Sinne des Wortes Fremde sind.

Was ist eigentlich die Tiefsee? Das lässt sich nicht so einfach sagen, ihre Definition hängt teilweise vom Kontext ab. Häufig bezeichnet man damit aber jenen Teil des Weltmeeres, den das Sonnenlicht nicht erreicht. Das bedeutet, dass alles, was sich mehr als ungefähr dreihundert Meter unter der Meeresoberfläche befindet, als Tiefsee zu betrachten ist. Es bedeutet außerdem, dass ungefähr neunzig Prozent des Meeres aus der Tiefsee besteht, das sind mehr als sechzig Prozent der Erdoberfläche. In einem Großteil der Ozeane ist die Tiefsee sogar zehnmal tiefer als dreihundert Meter. Ausgehend von Satellitenmessungen wird geschätzt, dass das Meer im Durchschnitt rund dreitausendsiebenhundert Meter tief ist. Das ist natürlich nur eine Schätzung, da nach wie vor lediglich zehn Prozent des Meeresbodens genau kartografiert wurden.

Dort unten war der Mensch fast seine gesamte Geschichte lang ein Fremder. Trotz Hunderttausender Jahre des auskundschaftenden Nomadenlebens und Tausender Jahre der Schifffahrt und Navigation war die Tiefsee lange unerreichbar. Bevor sich der Erfinder Otis Barton und der Zoologe William Beebe 1934 in einer sogenannten Bathysphäre im Atlantik vor Bermuda bis in eine Tiefe von neunhundertdreiundzwanzig Metern sinken ließen, hatte sich kein Mensch so weit hinabbegeben.

Ein paar Jahre später entwarf der Schweizer Auguste Piccard ein anderes Tiefseefahrzeug, einen sogenannten Bathyskaphen, der noch tiefere Tauchgänge ermöglichen sollte. Auguste Piccard war Physiker und Erfinder, geboren 1884 in Basel. Er war ein schlanker Mann mit schütterem Haar, runder Brille und Schnurrbart. Es heißt, er sei Hergés Vorbild für Professor Bienlein in den Comicbüchern *Tim und Struppi* gewesen. In erster Linie interessierte sich Piccard für Heißluftballons. Anfang der 1930er-Jahre entwickelte er mehrere Gasballons, mit denen er es als erster Mensch schaffte, in die Stratosphäre aufzusteigen, mehr als fünfzehntausend Meter über die Erdoberfläche. Die technischen Ideen zu diesen Ballons nutzte er auch, als er sich stattdessen in die diametral entgegengesetzte Richtung wandte.

Mit dem Bau seines ersten Bathyskaphen begann Piccard Ende der Dreißigerjahre, wegen des Zweiten Weltkrieges wurde er jedoch erst 1948 fertig. Er bekam den Namen FNRS-2 und wurde an die französische Marine verkauft, die mit ihm 1954 eine neue Rekordtiefe von viertausendfünfzig Metern im Atlantik vor der afrikanischen Küste erreichte.

Ungefähr zur gleichen Zeit, zu der der Rekordtauchgang gemacht wurde, begann Auguste Piccard mit der Arbeit an seinem zweiten Bathyskaphen, der den Namen Trieste bekommen sollte. Er war ein robustes, aber ziemlich klobiges Gefährt. Während die Bathysphäre aus einer einzelnen Stahlkugel bestand, die mit einem Stahlseil ins Wasser hinabgelassen wurde, wie ein Teeei in eine Tasse, sah der Bathyskaph eher wie ein klumpiges U-Boot aus. Sein Vorteil war, dass es von selbst hinunter in die Tiefe fuhr und nicht mit einem Stahlseil hinabgesenkt werden musste. Sein Nachteil war, dass es fast nur nach oben und nach unten steuern konnte, weil es wie ein umgekehrter Heißluftballon konstruiert war.

Die Trieste bestand unten aus einer kleinen runden Kabine, in der die Besatzung saß und deren Stahlschicht dick genug war, um dem Druck im Challengertief standzuhalten, der tausend Kilo pro Quadratzentimeter überschritt. In der Kabine gab es eine Instrumententafel, ein einzelnes, kleines rundes Fenster aus dickem Plexiglas sowie einen Scheinwerfer. Über der Kabine war eine große, tubenförmige Konstruktion aus einer Reihe von Behältern angebracht, die mit Luft und Petroleum gefüllt waren. Wenn man den Tauchgang starten wollte, ließ man die Luft heraus und füllte die Tanks stattdessen mit Meerwasser.

Die Tanks mit Petroleum brachten wiederum zwei große Vorteile mit sich. Sie verliehen Auftrieb, da Petroleum leichter ist als Wasser, und sie mussten nicht in eine dicke Stahlschicht gekleidet werden, weil Petroleum unter Druck nicht komprimiert wird. Indem man den Inhalt der Tanks kontrollierte – etwas Luft, Wasser oder Petroleum herausließ –, konnte man die Tauchfahrt in die Meerestiefe steuern und gleichzeitig den für die Rückreise notwendigen Auftrieb behalten.

Unter den Tanks waren zu beiden Seiten der Kabine zwei dreieckige Behälter mit Eisenkugeln angebracht. Sie dienten als Ballast beim Tauchen. Wenn man wieder zur Oberfläche aufsteigen wollte, drückte man einfach auf einen Knopf, und die Eisenkugeln wurden auf den Grund fallen gelassen. Darin lag auch eine Sicherheitsvorkehrung. Die Eisenkugeln wurden mithilfe von Elektromagnetismus an Ort und Stelle gehalten, was bedeutete, dass sie sich bei einem Ausfall der Elektronik automatisch lösten und das Fahrzeug von selbst wieder an die Oberfläche stieg.

Es war eine geniale Konstruktion, gebaut, um den schwersten aller Prüfungen standzuhalten, aber auch kompliziert und empfindlich.

~ ~ ~

Dieses Fahrzeug bestiegen Jacques Piccard, Sohn des Erfinders Auguste, und Don Walsh also am Morgen des 23. Januar 1960.

Sobald sie in der Kabine saßen, entdeckten sie, dass das schwere Wetter der Trieste schon heftig zugesetzt hatte. Ein Messgerät, mit dem die Sinkgeschwindigkeit abgelesen werden konnte, war von den Wellen losgerissen worden. Auch ein Strömungsmessgerät war weggespült worden, und das Telefon zur Kommunikation mit der Oberfläche war zerstört. Sie beschlossen, es dennoch zu wagen, in gewisser Hinsicht war es ohnehin zu spät, um noch umzukehren.

Es war eng in der Kabine. Der große Piccard musste sich bücken, um Platz zu finden, und so sollten sie auf dem laut Plan neun Stunden langen Ab- und Aufstieg sitzen bleiben, vollkommen still und ohne mehr als den Kopf bewegen zu können.

Dreiundzwanzig Minuten nach acht leerten sie die Lufttanks, die Trieste verschwand unter den schäumenden Wellen, und sie sanken langsam ins Unbekannte hinab. Während der Lärm und das Leben an der Meeresoberfläche, der Wind und das Licht von einer dumpfen und mächtigen Stille ersetzt wurden, fielen sie langsam durch das Wasser wie durch die Abenddämmerung.

Sie sanken ins Mesopelagial ab, wo das Meer immer dunkler wird, bis keine Fotosynthese mehr möglich ist. Zehn Minuten des Abstiegs waren vergangen, und Jacques Piccard ließ ein wenig Petroleum entweichen, um die Geschwindigkeit zu erhöhen. Als sie dreihundert Meter tief gekommen waren, war es vor dem kleinen Fenster bereits vollkommen dunkel, aber als Piccard hinausschaute, sah er um sie herum kleines, phosphoreszierendes Plankton schimmern, wie entlegene Sterne am Nachthimmel.

Sie fielen ins Bathypelagial, die Dunkelzone, die bei eintausend Meter Tiefe beginnt, wo überhaupt keine Pflanzen mehr leben, sich manchmal aber Riesenkalmare und Pottwale zu gewaltsamen Auseinandersetzungen treffen. Sie fielen weiter ins Abyssopelagial in mehr als viertausend Meter Tiefe, und in der Dunkelheit um sie herum bewegten sich jetzt blinde und farblose Wesen, die noch kein Mensch zuvor gesehen hatte.

Sie waren bereits mehr als zwei Stunden gesunken und hatten doch erst die Hälfte des Weges zurückgelegt. Still warteten sie ab, von Dunkelheit umgeben, weil sie den Scheinwerfer schonen wollten, und als sie nach fast drei Stunden in sechstausend Meter Tiefe waren, hatten sie auch die letzte Zone des Meeres geentert, den Tiefseegraben, das Hadopelagial, das seinen Namen vom gnadenlosen Totenreich der griechischen Mythologie bekommen hat. Als sie noch eine Weile später auf über siebentausend Meter abgesunken waren, drehte sich Don Walsh zu Jacques Piccard und brach flüsternd die Stille: »Jetzt sind wir tiefer, als je ein Mensch gewesen ist.«

Und Piccard sah zum Fenster hinaus und entdeckte, dass das Wasser nicht nur vollkommen dunkel war, sondern auch vollkommen klar. Als er für einen Moment die Suchleuchte einschaltete, schien nichts ihr Licht aufzuhalten, so als könnte es sich unendlich weit erstrecken. Wir befinden uns im Nichts, dachte Piccard. Wir sind in der Leere des Meeres.

~~~

Was dachten sie während dieser stillen Stunden in der Dunkelheit? Sahen sie sich als Pioniere? Als Entdecker und Eroberer? Waren sie stolz, aufgeregt oder einfach nur verängstigt? Waren sie immer noch neugierig? Wenn man sich an einem Ort befindet, an dem jede Faser des Körpers schreit, dass man von dort verschwinden sollte, dass diese ewige Nacht kein Ort für Menschen ist, dass man sich mit allen Mitteln von dort fortbegeben muss, weg aus der Dunkelheit, zum Licht, zur Luft, zum Leben. Was muss man da denken, um trotzdem weiterzumachen? Oder geht es vielleicht eher darum, *nicht* zu denken?

Als sie achttausend Meter erreicht hatten, verlangsamten sie die Geschwindigkeit. Sie wussten nicht, wie die Strömungen in einer solchen Tiefe waren, ob es überhaupt welche gab, und sie wussten deshalb auch nicht, ob sie gerade nach unten sanken oder zur Seite trieben. Es war am sichersten, sich dem Grund langsam zu nähern. Nach mehr als vier Stunden, als sie eben zehntausend Meter überschritten hatten, knallte es plötzlich.
~~~

Ein kräftiger Stoß ließ die gesamte Trieste erzittern, gefolgt von einem Krachen, als würde sie jemand rammen.

»Haben wir den Boden erreicht?«, flüsterte Don Walsh.

»Nein, ich glaube nicht«, antwortete Jacques Piccard mit einem Blick auf die Instrumente.

Und die Trieste sank tatsächlich weiter, fiel wie ein Lot durch die Dunkelheit, während Piccard dachte, dass sie vielleicht mit einem Seeungeheuer zusammengestoßen wären. Eine Weile schwiegen die beiden Männer, hielten den Atem an und lauschten, und in der schweren Stille hörten sie plötzlich ein leises Rascheln, wie von Ameisen in einem Ameisenhügel. Sie dachten, es wäre eine Art von Garnelen, und so beschäftigt, wie sie mit dem Atmen, Schweigen, Lauschen und Betrachten der Dunkelheit durch das Fenster waren, vergaßen sie einen Augenblick lang den vorhergegangenen Knall. Eine Weile später sah Piccard eine Art von Quallen vorbeiflirren, schwebende und durchsichtige Wesen, durch die das Licht des Suchscheinwerfers einfach hindurchzufallen schien.

Fast genau fünf Stunden waren vergangen, als sie schließlich kurz nach ein Uhr mittags sanft auf dem sandigen Boden des Challengertiefs landeten, wie ein Ballon auf einer elfenbeinfarbenen Decke. Ihren Instrumenten zufolge befanden sie sich elftausendfünfhunderteinundzwanzig Meter unter der Meeresoberfläche, das sollte sich später jedoch als falsch herausstellen, die Tiefe wurde auf zehntausendneunhundertsechzehn Meter korrigiert. Sie waren auf jeden Fall die ersten Menschen in der größten Tiefe des Meeres.

Was macht man dann? Einsam im Abgrund, an einem Ort, in dessen Nähe bisher kein Mensch gewesen ist und über den im Großen und Ganzen niemand etwas weiß? Ein Ort, der zudem so grausam und unmenschlich ist, dass er den Körper unmittelbar zerquetschen würde, wäre man nicht von einer dicken Schicht aus gehärtetem Stahl geschützt. Was hat man dort vor?

In erster Linie sieht man sich wahrscheinlich um. Jacques Piccard und Don Walsh schalteten ihren Suchscheinwerfer ein, schauten durch das kleine Plexiglasfenster nach draußen und ließen den Blick umherschweifen, wie es Entdeckungsreisende, Pioniere und Forscher Tausende Jahre vor ihnen an anderen Orten getan hatten. Es war vollkommen still, und ihre erste Beobachtung war, dass ihre Landung Bodensedimente aufgewirbelt hatte, sodass das Wasser draußen wie dichter Nebel erschien. Als würde man durch ein Glas mit Milch schauen, dachte Don Walsh. Aber als sich das Sediment nach einigen Minuten gelegt hatte, schauten sie in die eigenartige Landschaft hinaus, in der sie so unwahrscheinliche Eindringlinge waren, und das Erste, was Piccard bemerkte, war ein plattes, kleines, schwimmendes Lebewesen. Er fand, dass es wie ein Fisch aussehe, irgendein Plattfisch, vielleicht eine Seezunge, ungefähr dreißig Zentimeter lang und schimmernd weiß. Er sollte darauf beharren, dass es ein Fisch gewesen war, obwohl die Wissenschaft später zu dem Schluss kam, dass dies unmöglich sei und es sich wahrscheinlich um irgendeine Art von Seegurke gehandelt hatte. Langsam, wie plötzlich aus dem Winterschlaf erwacht, stieg das Wesen vom Boden auf und schwamm davon, verschwand spurlos in der ewigen Nacht.

So saßen sie schweigend und bewegungslos in ihrer kleinen Kabine und warteten in der Dunkelheit, während sie erkannten, dass dies ein Ort war, an dem Menschen wohl auch weiterhin Fremde bleiben würden. Fast zwanzig Minuten verharrten sie so. Sie sahen eigenartige Rillen im Sand, Muster, die von irgendeiner Art von Bewegung stammen mussten, Spuren von Leben, das sie sich nur in ihrer Fantasie vorstellen konnten. Eine kleine rote Garnele schwamm ruckartig am Fenster vorbei.

Dann drehte sich Don Walsh plötzlich zu Jacques Piccard um und sagte, immer noch flüsternd: »Jetzt weiß ich, woher der Knall kam.«

Er zeigte auf das Plexiglasfenster, und jetzt sahen sie beide, dass sich ein Riss durch die Scheibe zog. Der Druck hatte das Glas mit einer solchen Kraft reißen lassen, dass das ganze Fahrzeug erzittert war. Sie befanden sich elf Kilometer unter der Meeresoberfläche, in vollkommener Dunkelheit unter einem Druck, der ein normales U-Boot wie eine Folienkugel zusammengeknüllt hätte, und sie schauten atemlos durch ein Fenster, das so aussah, als könnte es jede Sekunde in tausend Stücke zerspringen.

Mit einem Knopfdruck warf Jacques Piccard den gesamten Ballast von Eisenkugeln ab, und die Trieste stieg durch eine Wolke aus aufgewühltem Bodensediment zur Oberfläche. Schnell und ohne Abschied ließen sie den Abgrund unter sich zurück.

Fast vier Stunden stiegen sie durch die scheinbar endlose Nacht auf, bis diese sich plötzlich, in den letzten Minuten, in eine Art Morgendämmerung verwandelte. Es war kurz nach fünf Uhr nachmittags, die Abenddämmerung brach gerade über dem Meer herein, als die Trieste die Wasseroberfläche durchbrach, elftausend Meter über dem Challengertief.

Weder Jacques Piccard noch Don Walsh sollten wieder dorthin zurückkehren.

~~~

Tatsächlich sollten mehr als fünfzig Jahre vergehen, bis sich wieder ein Mensch in die größte Meerestiefe traute. Trotz der Möglichkeit und trotz des uralten und anscheinend unbezwingbaren menschlichen Bedürfnisses, sich an die abgelegensten
~~~

und unzugänglichsten Orte der Welt zu begeben, sind bis zum Jahr 2020 nur zwei weitere Personen dort unten gewesen. In dem etwas mehr als halben Jahrhundert, in dem über fünfhundert Menschen das Weltall besuchten, über zehntausend den Mount Everest bestiegen und zwölf Menschen auf der Mondoberfläche spazieren gingen, tauchten nur insgesamt vier Personen zum Grund des Challengertiefs hinab.

Im März 2012 begab sich der Filmregisseur James Cameron allein in einem speziell gebauten U-Boot hinunter und brachte außer Fotos auch Sedimentproben mit nach oben. Sieben Jahre später, im Frühling 2019, besuchte der Amerikaner Victor Vescovo als vierter Mensch das Tief.

Victor Vescovo war ein pensionierter Marineoffizier, der inzwischen ein steinreicher Investor geworden war und eines Tages beschloss, seine Erfahrungen und sein Geld zu benutzen, um etwas zu tun, was noch kein anderer Mensch zuvor getan hatte: Er wollte die tiefsten bekannten Punkte aller fünf Ozeane besuchen.

In dem speziell gebauten und hochtechnologischen Unterwasserfahrzeug Limiting Factor begab er sich im Dezember 2018 als erster Mensch in das größte Tief des Atlantiks, den rund achttausend Meter tiefen Puerto-Rico-Graben am Rande des Karibischen Meers. Auch in die größten Tiefen des Antarktischen und Indischen Ozeans drang er vor, bevor er das Projekt im August 2019 vollendete, indem er als erster Mensch den tiefsten Punkt des Arktischen Ozeans besuchte.

Zuvor aber besuchte er auch das Challengertief, das tiefste von allen.

Es war der 28. April 2019. Wie gewöhnlich herrschte in diesem Teil des Pazifiks stürmisches Wetter. Der achtundachtzigjährige Don Walsh begleitete Vescovo auf das Meer und schüttelte ihm vor der Abfahrt die Hand. Vescovo hatte die Eisaxt dabei, mit der er neun Jahre zuvor den Mount Everest bestiegen hatte.

Nachdem er vier Stunden hinabgesunken war, warf Victor Vescovo Ballast ab, um die Geschwindigkeit zu reduzieren, und gegen Mittag, 12:37 Uhr, rief er die Kommandozentrale des Schiffs über sich an, und es dauerte sieben Sekunden, bis die Nachricht die elftausend Meter bis zur Oberfläche zurückgelegt hatte: »Ich bin angekommen.«

Laut den Instrumenten war er zehntausendneunhundertfünfundzwanzig Meter unter der Oberfläche. Neun Meter tiefer als Jacques Piccard und Don Walsh. Tiefer, als irgendein Mensch jemals gewesen ist, und auf eine Weise einsamer und weiter entfernt von all dem, was wir mit dem menschlichen Leben verknüpfen, als irgendjemand vor ihm.

Und was macht man dann?

Victor Vescovo sah sich um. Vor dem Fenster sah er einige nicht identifizierbare Krebstiere und Seegurken vorbeiflirren, aber auch eine überraschende Spur jenes Wesens, das trotz allem noch immer ein Eindringling in diesem größten Tief des Meeres war. Im Sand des Challengertiefs – knapp zehn Kilometer unter der Meeresoberfläche, weit entfernt von Sonne, Wellen und Menschen – lag eine Plastiktüte.

Die Chronistin der Meere

Rachel Carson war zweiundzwanzig, als sie das Meer zum ersten Mal erblickte.

Sie, die vielleicht mehr als irgendjemand anderes von ihm geprägt wurde, sie, die drei Bücher über das Meer schrieb und den Großteil ihres Lebens darauf verwendete, es zu verstehen, sie, die auch als Chronistin oder Biografin der Meere bezeichnet wird, war im Grunde eine Landratte, aufgewachsen im Inland von Pennsylvania, vertraut mit allen Elementen, bis auf das Meer. Nicht ein einziges Mal in ihrer Kindheit und Jugend war sie auch nur in seine Nähe gekommen, hatte weder seinen brausenden Rhythmus vernommen noch seinen Geruch nach Salz und Tang.

Im August 1929 war es dann so weit. Rachel Carson galt als ehrgeizige und brillante Schülerin und hatte gerade an einem Frauencollege in Pittsburgh ihren Abschluss gemacht. Im Herbst sollte sie ihr Studium an der Johns Hopkins University in Baltimore weiterführen, Hauptfach Zoologie, und für den Sommer hatte sie vom Meeresbiologischen Laboratorium in Woods Hole ein Stipendium für einen sechswöchigen Vorbereitungskurs bekommen. Und dort kam sie, am südwestlichen Zipfel von Cape Cod an der Atlantikküste, wo etwa dreihundert Jahre zuvor die Pilgerväter der Mayflower an Land gegangen waren, zum ersten Mal in direkten Kontakt mit dem Meer.

Es war ein regnerischer Spätsommertag, und über den steinigen Strand ging sie dem Wind und den Wellen entgegen. Als überwältigendes Erlebnis beschrieb sie es später, das sie eher auf einer sinnlichen, gefühlsmäßigen Ebene berührt habe als intellektuell. Das einzig Vergleichbare, was ihr dazu einfiel, war Musik. Das stete Brausen der Brandung, das Anschwellen und Ansteigen im synkopierten Rhythmus. Es habe sich angefühlt wie Beethoven! Ein musikalisches Erlebnis.

Es war Carsons erste Begegnung mit dem Meer, doch gesehnt hatte sie sich nach ihm, seit sie denken konnte. Ihre gesamte Kindheit, die sie auf einem kleinen Hof in Springdale, Pennsylvania, verbrachte, hatte sie vom Meer geträumt, hatte sich vorzustellen versucht, wie es aussah, wie es klang und wie sich die salzige Luft auf ihrer Haut anfühlen würde. Sie konnte sich selbst nicht recht erklären, wieso, und vielleicht ist sie gerade deshalb das beste Beispiel dafür, was das Meer so oft in uns weckt: diese unbändige Neugier, diesen Wunsch, all dem Unbekannten und Unentdeckten in seinen Tiefen zu begegnen. Bei Rachel Carson wurde es zu dem, was ihrem Leben einen Rahmen gab.

~~~

Rachel Carson kam aus ärmlichen Verhältnissen. Ihr Vater, Robert Carson, war umherreisender Versicherungsvertreter, und als die Zeiten schlechter wurden, sah er sich gezwungen, verschiedene Gelegenheitsjobs anzunehmen. Ihre Mutter, Maria Carson, war ursprünglich eine starke und selbstständige Frau gewesen, die ihre eigenen Träume jedoch aufgegeben hatte, um sich um Rachel und ihre beiden älteren Geschwister, Marian und Robert, zu kümmern. Das Haus, in dem sie lebten, verfügte weder über fließend Wasser noch Heizung oder Anschluss an die Ka-
~~~

nalisation, und Springdale war eine graue, heruntergekommene kleine Industriestadt, geprägt von Kraftwerken und Fabriken, Schmutz und Rauch.

Doch zumindest gab es in der näheren Umgebung auch noch etwas anderes: Am Stadtrand, unmittelbar hinter ihrem Haus, lag der Wald. Dort gab es eine verwilderte Hügellandschaft mit Bäumen und Gestrüpp, durch die sich der Allegheny-Fluss mit seinen dazugehörigen Mooren und Feuchtgebieten schlängelte.

Dort erhielt Rachel Carson ihre erste Ausbildung. Jeden Tag unternahm ihre Mutter Maria lange Waldspaziergänge mit ihr. Sie war es, die ihr beibrachte, Pflanzen und Insekten mit neuen Augen zu sehen, alle Sinne und ihre gesamte Aufmerksamkeit zu nutzen und Vögel anhand ihres Gesangs zu erkennen, wenn sie sich ihr nicht zeigen wollten; sie brachte ihr das Staunen bei. Abends lasen sie gemeinsam Bücher über Tiere und die Natur und verglichen ihre eigenen Beobachtungen mit den Bildern und Texten: Sie erweiterten ihr Wissen durch Vertiefung. Rachel Carson war ein einsames Kind, eine Erfahrung, die sie in ihrem Leben noch öfter machen sollte. Sie hatte wenige Freunde, niemand kannte sie wirklich, außer ihrer Mutter, doch in der Natur fand sie eine Art Zugehörigkeit, einen Platz, an dem sie sich heimisch fühlte.

1922, mit fünfzehn Jahren, schrieb Rachel Carson einen kurzen Text, den sie an eine Literaturzeitschrift für Kinder schickte. Er wurde unter der Überschrift »My Favorite Recreation« veröffentlicht und schildert einen Spaziergang durch die Wälder rund um ihr Zuhause. Sie beschrieb darin die Vögel, denen sie und ihre Mutter begegnet waren, deren Gesang und Verhalten, sie beschrieb die Bäume, die sich über den Weg neigten, all das Schöne und Erstaunliche, das sie dort, in sicherer Entfernung von Stadt und Menschen, fand. Die Erzählung endete mit einem Sonnenuntergang, Licht, das in Dunkelheit übergeht, und mit einem Spatz, der seine abendliche Serenade sang. »Langsam gingen wir wieder nach Hause, wunderbar müde, wunderbar glücklich.«

Auf einem dieser Waldspaziergänge fand Rachel Carson eines Tages das Fossil eines Fischs. In den verwilderten Waldhügeln und so weit im Inland, dass nicht einmal die Möwen mit ihrem kreischenden Gruß vom Meer sich hierherverirrten, entdeckte sie die Überreste eines Lebewesens, das sich in den Tiefen des ihr so fremden Elements bewegt hatte.

Vielleicht war dies der Moment, in dem ihre Sehnsucht geweckt wurde. Vielleicht war dies der Moment, in dem ihr zum ersten Mal und zunächst als wortlose Erscheinung bewusst wurde, dass das Meer doch gar nicht so fern und so unergründlich war. Dass auch dieses Land einmal Meer gewesen war. Dass das Meer überhaupt die Voraussetzung für das erdverbundene Leben bildete, das sie selber kannte und von dem sie umgeben war. Dass es im Grunde für den Anfang von allem stand, auch ihrer selbst.

Im ersten Jahr auf dem College, also mit neunzehn, schrieb Rachel Carson ihre erste Erzählung über das Meer. Es war eine Kurzgeschichte, »The Master of the Ship's Light«, die an der Küste New Englands spielte, inspiriert von all den Büchern über das Meer, die sie in ihrer Kindheit gelesen hatte. Eine Fantasie, die sie zum ersten Mal mit Worten konkretisierte.

Sie begann ihr Studium in der Hoffnung, Autorin zu werden. Schon als Kind hatte sie davon geträumt, vom Schreiben leben zu können. Denn auch das hatte ihre Mutter ihr mitgegeben: die Liebe zu Büchern und Wörtern.

Gleichzeitig reizte sie auch das zweite Geschenk ihrer Mutter: die Faszination für Bäume, Tiere, Vögel, das Meer, eine naturwissenschaftliche Grundeinstellung, die Fähigkeit, zu beobachten, zu analysieren und zu beschreiben. Lange kamen ihr diese beiden Welten unvereinbar vor.

Worauf also sollte sie setzen? Auf die Bücher oder die Natur? Auf das Schreiben oder die Wissenschaft?

Sie entschied sich zunächst für die Bücher. Sie studierte Literatur, Kunst, Französisch und Geschichte und erwies sich als begabte und ehrgeizige Studentin. Als junge Frau aus armem Hause konnte sie es sich nicht leisten, Zeit mit Herumprobieren zu vergeuden. Ihre Mutter hatte das Familienporzellan verkauft, damit sie überhaupt zur Schule gehen konnte. Um weitermachen zu können, war sie auf Stipendien angewiesen. Sie konnte sich keine Träumereien erlauben.

Ihr Ziel war ein Abschluss in Englisch, einem Fach, das in der Schule wie auch allgemein in der Gesellschaft als für eine junge Frau geeignet betrachtet wurde, im Gegensatz zu Naturwissenschaften. Sie könnte doch, so dachte sie, die Hoffnung ihrer Familie erfüllen und Lehrerin werden.

Doch ihr Interesse an der Natur und an Wissenschaft blieb bestehen, sie konnte sich davon nicht verabschieden. In ihrem ersten Aufsatz für den Englischkurs beschrieb sie sich selbst folgendermaßen: »Ich bin achtzehn, Presbyterianerin mit schottisch-irischen Wurzeln ... Ich liebe alles in der schönen Natur, und die wilden Lebewesen sind meine Freunde.«

Im zweiten Collegejahr meldete Rachel Carson sich für einen Biologiekurs an, die Dozentin hieß Mary Scott Skinker. Sie war Doktorandin der Zoologie, eine alleinstehende junge Frau, elegant und stets gut gekleidet, brillant, selbstbewusst, anspruchsvoll und glamourös, aber auch bereit, andere zu fördern. Sie erkannte Carsons naturwissenschaftliches Talent, nahm sich ihrer an und wurde ihre Mentorin und mit der Zeit auch ihre Freundin. Carson wiederum sah in Skinker eine Frau, wie sie

sie nie zuvor kennengelernt hatte. Eine Frau, die sie bewundern konnte und die sie inspirierte, eine Frau, die von der Liebe zur Wissenschaft getrieben war, vom Wunsch, zu beobachten und die Welt um sich herum zu verstehen. Gleichzeitig aber auch eine Frau, die in einer Zeit, in der dies noch sehr ungewöhnlich war, aus eigenem Antrieb Platz in der akademischen Welt einnahm, ohne Mann und Familie, selbstständig im Leben wie auch im Denken.

Und so war es Mary Scott Skinker, die Rachel Carson davon überzeugte, dass sie die Naturwissenschaft nicht ad acta zu legen brauchte. Sie war es, die ihr vermittelte, ein Labor könne durchaus ein geeigneter Ort für eine Frau sein, die ihr von Vorgängerinnen erzählte und ihr mit ihrer ganzen Person und in ihrer Art zeigte, dass eine wissenschaftliche Grundeinstellung keinem bestimmten Geschlecht vorbehalten war. Und vielleicht war dies die Zeit, in der der Gedanke, sich doch nicht zwischen Naturwissenschaft und Literatur entscheiden zu müssen, in Carson zu keimen begann. Dass die vermeintlichen Gegensätze sich doch auf irgendeine Weise vereinen lassen könnten.

Eines späten Winterabends saß Rachel Carson allein in ihrem Studentenzimmer in Pittsburgh und las Gedichte von Lord Tennyson. Draußen tobte ein Sturm, Regen klatschte gegen das Fenster, und sie las die letzten Zeilen von »Locksley Hall«: »For the mighty wind arises, roaring seaward, and I go.« Die Worte wühlten sie auf, genau wie der Sturm vor dem Fenster, und zum ersten Mal sah sie ganz klar, welche Richtung ihr Leben nehmen musste. Zum Meer!

Viel später sollte sie diese Szene als Offenbarung beschreiben, einen geradezu lebensentscheidenden Augenblick: »Der letzte Vers sprach etwas in mir an, als wollte er sagen, mein Weg führe zum Meer – welches ich zu dem Zeitpunkt noch nie gesehen hatte – und dass mein eigenes Schicksal in irgendeiner Weise mit dem Meer verbunden sei.«

Und so kam es. Beseelt von Lord Tennyson und inspiriert durch Mary Scott Skinker fasste Rachel Carson den schwerwiegenden Entschluss, ihre Studienrichtung zu wechseln. Sie wollte einen Abschluss in Biologie machen. Und nachdem diese Entscheidung gefallen war, geschah etwas mit ihr. Sie blühte förmlich auf. Sobald ihre bereits als Kind erlernte Fähigkeit, zu beobachten und zu analysieren, zur praktischen Anwendung kam, wurde sie eine andere, fokussiert und absolut zielstrebig. Gleichzeitig stellte sie fest, dass eine wissenschaftliche Grundeinstellung die Rätselhaftigkeit und das Staunen, das sie in der Begegnung mit der Natur stets erlebt hatte, in keiner Weise minderte. Eher im Gegenteil. Je mehr Wissen sie sich aneignete, je besser sie all die Lebewesen, die sie faszinierten, verstand, desto mehr Gefühle entwickelte sie für sie. So lange hatte sie befürchtet, sich irgendwann entscheiden zu müssen: forschen oder schreiben? Nun begann sie langsam zu begreifen, dass diese Gegensätze im Grunde genommen eher die Voraussetzung füreinander bildeten. In einer Rede viele Jahre später, als inzwischen erfolgreiche Autorin, sollte sie diese erste Phase eines langsamen Erwachens so beschreiben: »Ich dachte, ich hätte das Schreiben für immer aufgegeben. Ich wusste nicht, dass ich mir nur etwas suchte, worüber ich schreiben konnte.«

Als Freunde am College sie fragten, woher dieses plötzlich überbordende Interesse für Naturwissenschaften käme, erzählte sie ihnen von dem Fisch-Fossil, das sie als Kind im Wald hinter ihrem Elternhaus gefunden hatte. Etwas sei damals in ihr geweckt worden; Fragen, die sie einfach nicht mehr losgelassen hätten.

Die zweiundzwanzigjährige Rachel Carson, die an jenem regnerischen Augusttag 1929 zur Brandung bei Woods Hole am

Cape Cod hinunterging, war also eine Frau, die sich gerade entschieden hatte, was sie mit ihrem Leben anfangen wollte. Es war das erste Mal, dass sie das Meer erblickte, und sie wusste bereits, dass sie ihm für den Rest ihres Lebens treu bleiben würde.

~~~

Rachel Carson war vierundvierzig, als sie im Juli 1951 ihr Buch *Geheimnisse des Meeres* publizierte, dessen englischer Titel *The Sea around us* ihr Empfinden noch viel treffender beschreibt: das Meer als das, was uns umgibt, sowohl zeitlich als auch räumlich. Als Anfang und Ende von allem.

In diese Richtung war sie seit dem stürmischen Winterabend mit Lord Tennysons Gedichtsammlung unterwegs gewesen, *Richtung Meer,* doch es war ein langer und beschwerlicher Weg. Nach drei Jahren an der Johns Hopkins University in Baltimore hatte Rachel Carson im Juni 1932 ihren Abschluss in Zoologie gemacht und im selben Herbst mit einer Promotion begonnen. Es war die Zeit der Weltwirtschaftskrise. Ihr Vater war kränklich, ihre Schwester Marian hatte Diabetes bekommen und konnte nur in Teilzeit arbeiten, ihr Bruder Robert war als Radioreparateur tätig, bekam aber nur sporadisch ein Gehalt. Vor den Semesterferien im Frühjahr 1934 beschloss Rachel Carson daher gezwungenermaßen, die Promotion abzubrechen und sich stattdessen einen Job zu suchen, mit dem sie ihre Familie unterstützen konnte.

Sie hangelte sich von einer Stelle zur nächsten, war erst Lehrerin und Forschungsassistentin, nahm als solche alle Aufträge an, die sie bekommen konnte, und begann nebenbei Artikel und Erzählungen an verschiedene Zeitungen zu schicken, um sich noch etwas dazuzuverdienen. Als ihr Vater im Juli 1935 plötzlich
~~~

starb und die finanzielle Not ihren Höhepunkt erreichte, wandte sie sich in ihrer Verzweiflung an die Person, die ihrem Leben schon einmal eine neue Wendung gegeben hatte: ihre Mentorin und ihr Vorbild Mary Scott Skinker.

Es war Skinker, die ihr half, endlich eine dauerhafte Arbeit zu finden. Die amerikanische Fischereibehörde, U.S. Bureau of Fisheries, war gerade dabei, eine Radiosendung mit zweiundfünfzig Folgen über das Leben im Meer zu produzieren. Pro siebenminütiger Folge sollte eine spezifische Art vorgestellt werden. Und nun suchten sie jemanden, der das Manuskript verfasste. Jemanden, der sich sowohl mit Meeresbiologie auskannte als auch in der Lage war, einen interessanten und spannenden Text zum Thema zu schreiben. Nachdem sie ein paar Probefolgen eingereicht hatte, bekam Rachel Carson den Job.

Über fünfzehn Jahre arbeitete sie anschließend für die Behörde. Sie schrieb und veröffentlichte Texte und hatte gleichzeitig die Möglichkeit, sich in allem, was das Meer betraf, weiterzubilden. Sie blieb dabei, weil es eine Arbeit war, bei der sie sich mit Naturwissenschaft befassen konnte, wenn auch nicht im akademischen Kontext. Sie blieb außerdem dabei, weil die Umstände es verlangten. Im Januar 1937 starb ihre Schwester Marian unvermutet an einer Lungenentzündung und ließ zwei Töchter, Virginia und Marjorie, zurück. Da ihr Bruder Robert keinerlei Ambitionen zeigte, sie zu unterstützen, waren es Rachel Carson und ihre Mutter Maria, die die Verantwortung für die Mädchen übernahmen. Mit zwei kleinen Kindern und einer betagten Mutter, die sie ernähren musste, war Carson gezwungen, ihre Träume von einer akademischen Laufbahn endgültig an den Nagel zu hängen.

Dennoch waren es in gewisser Weise diese Umstände, die sie nach und nach zu derjenigen machten, die sie wurde. Für das

U. S. Bureau of Fisheries schrieb sie einen kürzeren Text über das Leben im Meer, mit dem Titel: »The World of Waters«. Der Text war ursprünglich als Einleitung für eine Broschüre gedacht, doch ihr Chef fand ihn dafür zu literarisch und meinte: »Ich glaube nicht, dass wir den so verwenden können. Aber schicken Sie ihn doch an Atlantic Monthly.«

Was Rachel Carson tat. 1937 veröffentlichte die renommierte Zeitschrift den Essay unter dem Titel »Undersea«. Er begann folgendermaßen: »Wer hat je das Meer gespürt? Weder du noch ich, mit unseren erdverbundenen Sinnen.« An den Redakteur schrieb Carson, sie würde es vorziehen, mit der geschlechtsneutralen Signatur R. L. Carson in Erscheinung zu treten. Ihrer Erfahrung nach würden wissenschaftliche Texte dieser Art besser angenommen, »wenn sie von einem Mann geschrieben wurden«.

Der Essay in seiner Mischung aus naturwissenschaftlichen Fakten und literarischer Eleganz erregte große Aufmerksamkeit, und schon bald meldeten sich verschiedene Verlage bei Carson. Während sie weiter für die Fischereibehörde tätig war, erweiterte sie den Essay in den darauffolgenden Jahren zu einem Buch, das im Herbst 1941 unter ihrem vollständigen Namen erschien: Rachel L. Carson. Es erhielt den Titel *Unter dem Meerwind* und war eine sowohl wissenschaftlich fundierte als auch märchenhafte Erzählung über verschiedene Lebewesen im Meer. Die schlichte Widmung lautete: »Für meine Mutter«.

Ein paar Wochen nach der Veröffentlichung griffen die Japaner Pearl Harbor an, und so wurde das Buch aus rein praktischen Gründen kein großer Erfolg. Nicht einmal zweitausend Exemplare wurden verkauft, und nach 1946 wurde es nicht mehr gedruckt. Doch die Kritiken fielen gut aus, und so war das Debüt für Rachel Carson dennoch eine Bestätigung: Es war tatsächlich möglich, literarisch über ein naturwissenschaftliches Thema zu schreiben. Sie hatte eine Form gefunden, die es ihr erlaubte, Wissenschaft und Literatur zu vereinen, ohne dass das eine oder das andere dadurch zu kurz kam.

Die gesamten 1940er-Jahre hindurch war Rachel Carson für die U.S. Bureau of Fisheries tätig. Sie erarbeitete Informationskampagnen, schrieb Broschüren und Manifeste, hielt sich über die neuesten Forschungsergebnisse auf dem Laufenden und wurde auf ihrer Position außerhalb der akademischen Welt immer mehr zu einer Autorität auf dem Gebiet der Meeresbiologie. Gleichzeitig begann der Gedanke an ein weiteres Buch Form anzunehmen. Ein Buch, das in noch stärkerem Maße von der Geschichte des Meers handeln sollte, eine Chronik der Meere, wenn man so will.

Parallel zu ihrer täglichen Arbeit recherchierte sie, reiste umher und beobachtete, schrieb und schrieb wieder um. Beinahe ein Jahrzehnt dauerte es, bis endlich im Juli 1951 *Geheimnisse des Meeres* erschien.

Es war ein ungewöhnliches Buch. Der Form nach literarisch, aber mit wissenschaftlichem Anspruch. In behutsamer, sorgfältiger Sprache beschrieb Rachel Carson die Entstehung des Meers, wie es im Anbeginn durch die mit dem Abkühlen des Erdballs aufkommenden, gewaltigen Regenfälle entstanden war. Sie beschrieb, wie in diesem Meer das Leben begann, wie die allerersten Mikroorganismen im Wasser umherschwebten und wie sich dieses Leben im Laufe von Millionen von Jahren entwickelte und vervielfältigte, bis sich die ersten Lebewesen, in fast schon modernen Zeiten, an Land wagten. Rachel Carson beschrieb die Berge, wie sie aus dem Meer aufgestiegen waren, Inseln, die sich gebildet, Kontinente, die sich bewegt hatten, Land, das sich in einem andauernden Prozess an das bereits bestehende Meer anpassen musste. Sie beschrieb, wie die Meeresströmungen und die Gezeiten funktionierten, wie die Winde sich über die Oberfläche bewegten und wie sich der Salzgehalt im Wasser mit den Jahren verändert hatte. Sie schilderte die nachtschwarzen Tiefen, in denen die Zeit stillzustehen scheint. Sie schilderte die unglaubliche Vielfalt des Lebens im Meer, vom kleinsten Plankton bis zu den gewaltigsten Walen, und sie schilderte auch, wie der Mensch sich auf dieses Meer hinausbegab und es kennenlernte, jedoch niemals beherrschte.

In *Geheimnisse des Meeres* nahm Rachel Carson sich heraus, die Geschichte eines ganzen Elements zu schreiben, ein gewaltiger Anspruch, und sie wurde ihm sowohl als Schriftstellerin wie auch als Wissenschaftlerin in jeder Hinsicht gerecht. Indem sie nämlich zeigte, dass es tatsächlich möglich war, fundiertes Wissen mit dem Staunen zu vereinen.

Das Buch wurde ein Riesenerfolg. Es erschien als Fortsetzungsgeschichte in der Zeitschrift *The New Yorker* und wurde für den beliebten Buchklub Book of the Month ausgewählt. Innerhalb weniger Wochen stieg es an die Spitze der *New York Times*-Bestsellerliste – ein Platz, den Carson von Thor Heyerdahl übernahm, der ihn mehr als ein Jahr mit seinem Buch über die Kon-Tiki-Expedition innegehabt hatte –, und dort hielt es sich ganze zweiunddreißig Wochen. Nach und nach wurde es in zweiunddreißig Sprachen übersetzt, und als der Verlag später im Jahr die Gelegenheit nutzte und *Unter dem Meerwind* neu auflegte, wurde auch diese Ausgabe zu einem Bestseller.

Doch mit dem Erfolg stellte sich auch eine zu erwartende Skepsis ein. Viele der Rezensenten, ausschließlich Männer und häufig etablierte Wissenschaftler, konnten ihr Misstrauen gegenüber der Person hinter der Schreibmaschine nicht verbergen. Einige von ihnen vermuteten, ihr Name sei ein Pseudonym, hinter dem sich eigentlich doch ein Mann verberge. Andere kamen nicht damit zurecht, dass ein solches Buch nicht nur von einer Frau geschrieben worden war, sondern noch dazu von einer, die nicht einmal über einen entsprechenden Doktortitel verfügte. Darüber hinaus von einer, die so klein und zart und freundlich, kurz gesagt: so feminin war. In Zeitungsartikeln wurde sie als »zerbrechlich« und »zurückhaltend« beschrieben. In einer ansonsten begeisterten Rezension in der *New York Times* beschwerte sich der männliche Kritiker darüber, dass das Buch kein Autorenfoto enthalte. »Es wäre nett gewesen zu wissen, wie eine Frau, die so schön und genau über Wissenschaft schreiben kann, aussieht.«

Rachel Carson selbst kommentierte die Reaktionen bei einem Auftritt im Astor Hotel in New York im Oktober 1951. Sie war nervös, hatte es noch nie gemocht, vor Publikum zu sprechen, und sie hatte einen Vortrag vorbereitet, der in großen Teilen aus hydrophonischen Aufnahmen aus der Tiefe des Meers bestehen sollte. Doch sie konnte es sich nicht verkneifen, mit dezentem Sarkasmus etwas über die physische Person zu sagen, die hier vor dem Publikum stand.

»Die Leute scheinen sich oft zu wundern, dass eine Frau ein Buch über das Meer geschrieben haben soll. Das gilt, wie ich festgestellt habe, vor allem für Männer. Vielleicht haben sie sich einfach daran gewöhnt, sich die spannenderen Themengebiete der Wissenschaft als exklusiv männliche Domänen vorzustellen. Ein Leser titulierte mich neulich in seinem Brief tatsächlich als ›Dear Sir‹ und erklärte, auch wenn er sehr wohl wisse, dass ich eine Frau sei, bringe er es doch nicht über sich, diese Tatsache anzuerkennen. Und selbst wenn mein Geschlecht akzeptiert wird, wundern sich bestimmte Leute doch sehr darüber, dass ich keine große, kräftige, amazonenhafte Frau bin. Ich habe nichts zu meiner Verteidigung vorzubringen, wieso ich nicht so aussehe, wie es sich die Leute vorstellen, aber vielleicht kann ich ein paar Worte dazu sagen, weshalb eine noch dazu mittelgroße Frau Meereschronistin geworden ist.«

Und was den Inhalt des Buches anging, mussten die männlichen Kritiker und Experten im Großen und Ganzen doch zugeben, dass es daran nichts auszusetzen gab. Das Buch hielt stand, wissenschaftlich wie auch literarisch, und abgesehen von seiner Beliebtheit bei der Leserschaft erhielt es auch einen akademischen Segen. Im Vorwort zur schwedischen Ausgabe schrieb der Professor für Ozeanografie, Hans Pettersson: »Eines der besten populärwissenschaftlichen Bücher über das Meer, die je geschrieben wurden – darauf können sich sowohl Fachleute wie auch Laien bei Rachel L. Carsons *Geheimnisse des Meeres* sofort einigen.«

Im Januar 1952 erhielt Rachel Carson den prestigeträchtigen National Book Award für *Geheimnisse des Meeres*. In ihrer Dankesrede erklärte sie: »Die Winde und das Meer und die lebhaften Gezeiten sind, was sie sind. Wenn es daran etwas Erstaunliches und Schönes und Majestätisches gibt, wird die Wissenschaft es herausfinden. Wenn dies jedoch nicht der Fall ist, kann die Wissenschaft es auch nicht dazuerfinden. Wenn mein Buch über das Meer etwas Poetisches hat, dann nicht, weil ich es darübergestülpt hätte, sondern weil man nicht wahrheitsgemäß über das Meer schreiben kann, ohne poetisch zu werden.«

Für Rachel Carson persönlich bedeutete der Erfolg vor allem zweierlei: Im Mai 1952 konnte sie ihren Job bei der Fischereibehörde kündigen, um sich ganz aufs Schreiben zu konzentrieren. Kurz darauf kaufte sie sich ein kleines Ferienhaus auf Southport Island in Maine. Unmittelbar am Strand, vor der Welt durch den Wald verborgen, aber zum Meer hin offen. Dort verbrachte sie für den Rest ihres Lebens mehrere Monate im Jahr, dort arbeitete sie, schrieb Artikel und Bücher, unternahm lange Spaziergänge im Wald und am Meer und untersuchte all die seltsamen Wesen, die Ebbe und Flut mit sich brachten und ihr zuführten.

Und so vereinte Rachel Carson sich am Ende auch im Wortsinn mit dem Meer. Durch ein eigenes kleines Haus am Wasser. Ein eigenes Stück steiniges Strandufer, über das Ebbe und Flut im vorherbestimmten Rhythmus hinweggingen. Durch die Möglichkeit, morgens aufzuwachen und auf die glitzernde Wasseroberfläche hinauszuschauen und abends beim Rauschen der Brandung einzuschlafen. Ein Ort, an dem sie in doppeltem Sinne heimisch war.

Aber auch ein Ort, der ihr bald noch etwas schenken sollte, etwas, das sie bis dahin noch nicht erlebt hatte, etwas Zeitloses und Universelles und gleichzeitig in höchstem Grad Menschliches. Nämlich die Liebe.

~~~

Welche Bedeutung hatte das Meer eigentlich für Rachel Carson? Wie kam es, dass es ihr Leben so sehr prägte? Drei Bücher sollte sie im Laufe ihres Lebens über das Element schreiben, das sie mit zweiundzwanzig Jahren zum ersten Mal erblickte. Unzählige Artikel, Essays und Vorträge. Ein lebenslang andauerndes Erforschen, wissenschaftlich wie auch literarisch. Und ebenso wie sie Chronistin des Meeres war, war sie auch dessen Philosophin. Was wir über das Meer *wissen* können, beschäftigte sie zu gleichen Teilen, wie was wir darüber *denken* können.

Und was dachte Rachel Carson über das Meer?

Sie dachte, dass das Meer für unseren Ursprung steht. Dass die Evolution uns lehrt, dass alles Leben aus dem Meer kommt und dass es sich auch lange auf diesen Raum beschränkte. Dass
~~~

das Meer so gesehen eine fortwährende Erinnerung an den Ursprung von allem ist, aber auch, dass diese marine Herkunft, über die sie in ihrem Buch *Geheimnisse des Meeres* schrieb, immer noch Teil von uns ist.

»Als sie die Küste betraten, nahmen die Tiere, die sich zum Leben auf dem Lande entschlossen, einen Teil des Meeres in ihren Körpern mit sich, ein Erbe, welches sie an ihre Kinder weitergaben und das sogar noch heute jedes Landtier mit seinem Ursprung im Urmeer verbindet. Fische, Amphibien, Reptilien, warmblütige Vögel und Säugetiere – jeder von uns trägt in seinen Adern einen salzigen Strom, in dem die Elemente Natrium, Kalium und Kalzium fast in den gleichen Proportionen wie im Meerwasser vorhanden sind. Das ist unser Erbteil von dem Tage her, als vor ungezählten Millionen Jahren ein weitentfernter Ahnherr, nachdem er vom einzelligen zum vielzelligen Zustand fortgeschritten war, zum erstenmal einen Blutkreislauf entwickelte, dessen zirkulierende Flüssigkeit einfach das Meerwasser war.«

Das Meer zog sie an, weil es rätselhaft ist. Weil es ein Element ist, das noch immer viele seiner Geheimnisse bewahrt, die womöglich immer außerhalb der Reichweite menschlicher Neugier bleiben werden. Im Herbst des Jahres, in dem *Geheimnisse des Meeres* erschienen war, erzählte sie im Rahmen eines Vortrags in New York, dass sie, trotz ihrer wissenschaftlichen Grundeinstellung, nicht den Drang habe, diese Rätselhaftigkeit aufzulösen, sondern diese im Gegenteil hüten und achten wolle. »Ich bezweifle, dass die letzten und endgültigen Geheimnisse rund um das Meer sich je werden lüften lassen. Gleichzeitig hege ich die sehr unwissenschaftliche Hoffnung, dass sie nicht gelöst werden können.«

Das Meer zog sie auch aufgrund seiner gewaltigen Kraft an.

Weil von dieser Kraft alles angezogen wurde. Weil es einen Ort darstellte, an dem man klein und unbedeutend sein durfte. Rachel Carson schrieb über die »unerbittliche Kraft, mit der es alles an sich zieht, mit der es alles überwältigt, verschlingt und vernichtet«.

Und gleichzeitig fand sie, das Meer sei ein Ort der Paradoxe. So überwältigend groß und kraftvoll und doch gleichzeitig so verletzlich. Ein Ort für die größten und majestätischsten Tiere der Erde, aber auch für »Lebewesen, so klein, dass man mit zwei Händen so viele auf einmal aus dem Wasser schöpfen kann, wie Sterne auf der Milchstraße sind«.

Sie empfand das Meer als musikalisch. Sie liebte Musik und war erstaunt, in den Meeresströmungen und Wechseln der Gezeiten Schwingungen zu entdecken, die so stark an die Rhythmen und Harmonien der Musik erinnerten. Im Covertext zu einer Aufnahme von Claude Debussys *La Mer,* die im Herbst 1951 erschien, schrieb sie über die rhythmischen Bewegungen der Wellen an der Meeresoberfläche und über die verschiedenen Stimmen des Meers, über sein Chorwerk, in dem jede Stimme »in ihrer wortlosen Sprache« von der Erde und der Existenz alles Lebens erzähle: »So kann man es empfinden, wenn man eine lange Ozeanreise unternimmt – wenn man Tag für Tag den fliehenden Horizont betrachtet, der von Wellen zerfurcht wird; oder wenn man nachts allein im Dunkeln an Deck steht, in einer Welt, die nur aus Himmel und Wasser zu bestehen scheint, und man die brütende Anwesenheit des Meeres um sich spürt.«

Als sie im selben Herbst auf einer Wohltätigkeitsveranstaltung für das National Symphony Orchestra in Washington, D. C., sprach, verglich sie den Trost, den die Musik ihr zu schenken vermochte, mit dem, den sie in der Begegnung mit dem Meer fand. Dass das Meer, ebenso wie die Musik, einen neuen Blick auf das Erdenleben mit all seinen alltäglichen Sorgen und Nöten eröffnen könne.

»Wenn wir über das beeindruckende Alter von Erde und Meer nachdenken, wenn wir in einen Gemütszustand geraten, in dem wir ohne Weiteres von ›Millionen‹ oder ›Milliarden‹ Jahren reden können, und wenn uns bewusst wird, seit wie kurzer Zeit erst menschliches Leben auf der Erde existiert, dann fangen wir an einzusehen, wie unbedeutend einige der Sorgen und Beschwerden, die wir haben, eigentlich sind. [...] Ich bin überzeugt, dass unsere Ängste in der Begegnung mit der Schönheit und den geheimnisvollen Rhythmen der Natur gelindert werden können. Und ich bin ebenso überzeugt, dass dies auch durch die Musik geschehen kann.«

Sie meinte, das Meer sei, wie die Natur insgesamt, ein Ort für Bescheidenheit und Zuversicht. »Denn im Flug der Vögel liegt eine sowohl symbolische wie auch tatsächliche Schönheit, ebenso in Ebbe und Flut, in den geschlossenen Knospen, die sich für den Frühling bereit machen. Es liegt etwas unendlich Heilendes in diesen ständig sich wiederholenden Abläufen in der Natur – ein Versprechen, dass auf die Nacht stets die Morgendämmerung folgt und der Frühling auf den Winter.«

Rachel Carson meinte, dass das Meer einen daran erinnere, dass alles in Bewegung ist. »Der besondere Zauber des Meers«, sagte sie etwa in einem Vortrag 1951 in New York, »liegt darin, dass es ein Ort ist, an dem man spürt, wie alt die Erde ist. Sie mag einem unveränderlich vorkommen. Doch sie verändert sich permanent.«

Am stärksten erlebte sie dieses Gefühl des evolutionären Fortschreitens, wenn sie bei Ebbe an den Strand ging und die Spuren dessen betrachtete, was das Meer von diesem lebendigen Kreislauf an Land gespült hatte. In ihrem dritten Buch, *Am Saum der Gezeiten*, das 1955 erschien, beschrieb sie dies als geradezu existenzielle Erfahrung, als unmittelbare Kontaktaufnahme mit dem Ursprung allen Lebens: »Sobald wir hinauswandern bis an den schmalen Streifen, den das Meer bei Ebbe freigibt, betreten wir eine Welt, die so alt ist wie unser Planet selbst; hier begegnen sich seit Urzeiten die Elemente Erde und Wasser, hier herrschen Kampf ums Dasein, Anpassung und ewiger Wandel.«

Und in ihr Feldtagebuch schrieb sie Anfang der Fünfzigerjahre nach einem Spaziergang am Strand von Georgia: »Spuren eines Strandvogels, wahrscheinlich eines Sandläufers gesehen. Folgte ihnen ein Stück, bis sie zum Wasser hinführten und vom Meer verwischt wurden. So vieles wird von ihm weggespült, als hätte es niemals existiert. Die Zeit ist wie das Meer, sie enthält alles, was vor uns war, und früher oder später werden wir von ihren Strömungen davongetragen, die die Spuren unserer Existenz löschen, so wie das Meer an diesem Morgen die Spur des Vogels löschte.«

Sie fand, das Meer repräsentiere etwas Schönes und Erstaunliches. Manchmal wirkten ihre Beschreibungen geradezu schwärmerisch. Doch sie meinte damit auch den ästhetischen Wert, unabhängig vom Blick des Menschen. In diesem Punkt unterschied sie sich von sowohl früheren wie späteren Meeresromantikern.

Die Meeresromantik, die beispielsweise in den großen Meeresromanen wie Melvilles *Moby-Dick*, Conrads *Lord Jim*, Hemingways *Der alte Mann und das Meer* blühte, geht fast immer vom Menschen aus. Im Mittelpunkt steht, was das Meer für den Menschen bedeutet. Es repräsentiert eine gewaltige und potenziell vernichtende Macht, die den Menschen jedoch auch zu einem Edleren, Stärkeren oder Reineren machen kann. Der Mensch wird, kurz gesagt, durch das Meer geläutert. Das ist der Tenor vieler Werke der klassischen Meeres- und Seefahrerliteratur.

Rachel Carsons Meeresromantik ist eine andere. Bei ihr steht das Meer für sich, unabhängig davon, was es mit dem Menschen macht. Für sie ist das Meer etwas Existenzielles. Nicht nur Ursprung und Beginn des Menschen, sondern auch alles anderen. Es war bereits vor der Entstehung jedes Lebens da, und nur während sieben Achtel der Evolutionsgeschichte hat das Leben in ihm überhaupt existiert. Das ist die historische Wahrheit, an die wir Carsons Meinung nach immer wieder erinnert werden müssen. Das Meer ist nicht für uns da, wir sind dank seiner da, und deshalb ist die Verwundbarkeit des Meers auch unsere eigene.

In diesem Sinne war Rachel Carson eine Vorreiterin des Denkens, das den Kern der heute so genannten Ökologie und Ökophilosophie bildet. Des Gedankens, dass der Mensch Teil eines Kreislaufs und dieser Kreislauf ein fortwährendes Zusammenspiel ist, außerhalb dessen sich kein Lebewesen stellen kann. Carson wollte die sich vom Menschen selbst zugeschriebene Rolle als Krone der Schöpfung problematisieren. Sie wollte mit dem »Krieg gegen die Natur« aufräumen, in den die menschliche Dominanz ihrer Ansicht nach mündete. Und sie wollte dies tun, indem sie die Demut und das Staunen propagierte. Schließlich sind wir letzten Endes doch alle aus denselben unbedeutenden Bestandteilen zusammengesetzt, haben wir alle unseren Ursprung im selben Urmeer.

So gesehen war das Staunen über die Natur, wie Rachel Carson es bereits als Kind gelernt hatte, eine intellektuelle Herangehensweise, die beizubehalten sie auch in wissenschaftlichen Zusammenhängen weiterhin als notwendig erachtete. Es sei unser Unglück, meinte sie, dass das Staunen, das wir als Kind der Natur gegenüber empfänden, so oft verblasste, sobald wir älter würden. Wenn Fakten die Samen wären, die zu Wissen und

Empathie führten, dann wäre das Staunen der Mutterboden, den sie bräuchten, um zu wachsen. Für ein Kind, schrieb sie in ihrem Essay *Magie des Staunens*, sei es nur halb so wichtig zu wissen, wie zu fühlen. Für einen Erwachsenen, für einen rational und wissenschaftlich denkenden Menschen, sei dies genauso wichtig wie für das Kind. Denn zu fühlen, meinte sie, bedeute nicht, sich gegen eine wissenschaftliche Haltung zu entscheiden. Im Gegenteil, zu fühlen sei die Voraussetzung, um sich weiterzuentwickeln und zu überleben. »Ich bin überzeugt«, sagte Rachel Carson 1954 bei einem Vortrag in Ohio, »je mehr wir unsere Aufmerksamkeit auf das Staunen über das Universum richten, desto weniger Geschmack finden wir an seiner Zerstörung.«

Rachel Carson schien im Meer eine Art Zugehörigkeit zu finden. Einen Zusammenhang, in dem sie sich zu Hause fühlte, in dem sie sich nicht nur als Teil einer Menschheit, sondern als Teil einer Existenz fühlen durfte. Sie war ein einsames Kind gewesen, und sie führte dem Anschein nach auch ein einsames Erwachsenenleben: Sie heiratete nie, gründete keine Familie und bekam keine eigenen Kinder. Lange lebte sie mit ihrer Mutter zusammen, sie übernahm große Verantwortung für ihre Geschwister und deren Kinder, hatte Freunde und Bekannte, schien aber nicht nach einer traditionellen Beziehung zu suchen. Wenn sie dagegen vom Meer und von der Natur erzählte, klang es oft, als spräche sie von einem Zuhause und einer Familie. Einem Ort, an dem sie sie selbst sein konnte, an dem sie sich geborgen fühlte. Vielleicht fand sie in der Natur einen Ersatz für menschliche Kontakte. Als Kind hatte sie die Vögel und Fische als ihre Freunde bezeichnet. Als Erwachsene sprach sie über ihre Beziehung zum Meer, als wäre diese eine zutiefst emotionale. Eine instinktive Gemeinschaft, die immer da gewesen war und immer bleiben würde.

Und vielleicht nannte sie damit beim Namen, was das Meer zu allen Zeiten für diejenigen Menschen bedeutet hat, die von ihm angezogen wurden. Menschen, die sich auf offene See hinausbegeben haben, die alles, was sie kannten und wussten, hinter sich gelassen haben, die bereit waren, alles zu verlieren, nur um fortgehen zu können. Vielleicht hatten sie aber auch gar nicht fortgewollt. Vielleicht war das Meer keine Zuflucht für sie gewesen. Vielleicht ist das, was der Einhandsegler sucht, gar nicht Einsamkeit, sondern deren Gegenteil. Vielleicht ist das, was das Meer verspricht, eher eine Art Heimkehr.

Für Rachel Carson war das Meer zu guter Letzt auch eine Mahnung, dass alles vergänglich ist. Das Meer ist nicht nur der Anfang von allem, sondern auch dessen Ende. Davon war sie überzeugt. Es würde eine Zeit kommen – aus menschlicher Perspektive weit jenseits alles Vorstellbaren, nach geologischer Zeitrechnung jedoch nur einen Augenblick entfernt –, in der alles auf Erden wieder vom Meer verschlungen werden würde. Alles Land, das sich einst aus dem Wasser erhoben hatte, würde wieder im geduldig wartenden Meer versinken. Und auch der Mensch würde eines Tages unweigerlich wieder mit dem Meer vereint.

Darüber schrieb Carson in ihrem ersten Buch, *Unter dem Meerwind*: »Denn wiederum wird das reißende Wasser die Berge abtragen und als Schlamm und Sand in die Meere führen, und wiederum werden alle Küsten Wasser sein, und Menschen und Städte gehören der See.«

In ihrem zweiten Buch, *Geheimnisse des Meeres*, schrieb sie: »Denn alles kehrt zuletzt ins Meer zurück – in den Okeanos, den Ozean-Strom, der gleich dem ewig fließenden Strome der Zeit Anfang und Ende ist.«

Und auch in ihrem dritten Buch, *Am Saum der Gezeiten*, kam Carson darauf zurück: »Denn die letzte Entscheidung, ob alles, was die Korallen und Mangrovepflanzen aufbauen, dem Land oder der See zugehören wird, liegt einzig und allein beim Meer.«

Was meinte sie damit? Ich glaube, sie wollte damit vor allem ausdrücken, dass alles in Veränderung begriffen ist, dass dies das unausweichliche Schicksal der Welt, des Lebens sowie der Evolution ist und dass das Meer das Einzige ist, was bleiben wird. Dass es dasjenige ist, was das endliche Leben an etwas Bestehendes knüpft. Vom Meer bist du gekommen. Zum Meer wirst du wieder werden.

Und es scheint, als habe Rachel Carson Trost in diesem Wissen gefunden. Sie scheint sich nach dem Meer gesehnt zu haben, weil sie dort in einer Art Ewigkeit aufgehen konnte. Das Meer war für sie die Konstante, in der ihre eigene zufällige und mit Fehlern behaftete Person verankert war. Auch sie würde eines Tages zum Meer zurückkehren, buchstäblich oder im übertragenen Sinne. Daran glaubte und darauf vertraute sie.

~~~

Rachel Carson kaufte sich also ein Haus am Meer. 1952 lebte sie mit ihrer Mutter Maria zusammen in Silver Spring, Maryland, doch auf einer Reise nach Maine hatte sie sich in die Küstenlandschaft um die Mündung des Sheepscot River verliebt. Im Spätsommer 1952, gut ein Jahr nachdem *Geheimnisse des Meeres* erschienen war, fand sie ein Grundstück auf der Insel Southport Island, das sie kaufen konnte. Anschließend beauftragte sie eine Firma mit dem Bau eines kleinen Häuschens, das ein Jahr später fertig wurde.

Ganz in der Nähe befand sich das Ferienhaus des Ehepaars Stanley und Dorothy Freeman. Die beiden kamen aus West Bridgewater, einer kleinen Stadt südlich von Boston. Stanley war
~~~

dreiundfünfzig, arbeitete für einen großen Landwirtschaftsbetrieb und war begeisterter Hobbyfotograf. Seine Frau Dorothy war fünfundfünfzig, interessierte sich für die Natur und das Meer und hatte vor ihrer Ehe als Lehrerin gearbeitet.

Beide waren darüber hinaus große Bewunderer von Rachel Carson. Stanley hatte die *Geheimnisse des Meeres* ein Jahr zuvor zum Geburtstag bekommen, und er und Dorothy hatten es sich gegenseitig vorgelesen. Jetzt hatten sie aus der Lokalzeitung erfahren, dass die Autorin sich ein Sommerhaus ganz in der Nähe baute.

Und so schrieb Dorothy Freeman Rachel Carson einen Brief. Einen höflichen und förmlichen kleinen Gruß an die künftige Nachbarin. Das war im Dezember 1952, und Carson, die zu der Zeit zuweilen hundert Briefe pro Woche bekam, war von dieser freundlichen Geste offenbar gerührt. Am 15. Dezember schrieb sie ihr eine kurze Antwort zurück.

»Liebe Mrs Freeman, was für ein freundlicher Willkommensgruß von unseren künftigen Nachbarn auf Southport! Wir hoffen, das Häuschen wird Anfang Juni fertig. [...] Kommen Sie uns dann gerne einmal besuchen. Wir freuen uns auf ein Kennenlernen.«

Im Juli 1953 war das Haus fertig, und Rachel Carson und ihre Mutter zogen ein. Der Ort war alles, wovon sie immer geträumt hatte. Auf der Rückseite des Hauses gab es einen dichten Wald mit Kiefern, Fichten und Brombeersträuchern, der Boden war von uralten Flechten und Moosen bedeckt, und von Sonnenauf- bis Sonnenuntergang bildete der Vogelgesang eine beeindruckende und vielstimmige Kulisse.

Vor dem Haus befand sich ein schmaler, steiniger Strand, auf dem das Wasser kleine Pfützen voller Leben zurückließ, wenn es sich bei Ebbe zurückzog. Es lag unmittelbar an der breiten und tiefen Flussmündung, in der Robben und Seevögel sich wohlfühlten und wo hin und wieder sogar Wale vorbeischwammen, wahrscheinlich Nordkaper. Dahinter lag das offene Meer.

Nur wenige Tage nach ihrem Einzug kam das Ehepaar Freeman zu Besuch. Die frischgebackenen Nachbarn waren sich vom ersten Augenblick an sympathisch, und gleich im Anschluss lud Rachel die beiden zu einer gemeinsamen Exkursion am Strand ein. Und hier, gebeugt über die Meerespfützen, fanden Rachel und Dorothy zueinander. Vereint in ihrem Interesse für das Meer und die Natur, aber auch in ihrer Fähigkeit, über all das Schöne und Seltsame, was ihnen am Strandufer begegnete, zu staunen. Am Abend vor der Abreise des Ehepaars Freeman von Southport Island fand Carson einen Vorwand, um den kurzen Weg durch den Wald zu ihrem Haus zurückzulegen und sich rasch von ihnen zu verabschieden.

Während des Herbstes, den Rachel Carson und ihre Mutter in der gemeinsamen Wohnung in Silver Spring verbrachten und die Freemans im mehrere Stunden entfernten West Bridgewater, entwickelte sich ihre Freundschaft durch einen intensiven Briefwechsel. Sie tauschten sich über Bücher aus, die sie gelesen hatten, über Vögel, die sie durchs Fenster beobachteten, sowie über Musik, die sie abends hörten.

»Liebe Mrs Freeman«, schrieb Rachel Carson im September. »Lassen Sie mich noch einmal betonen, wie froh ich bin, dass Sie sich letzten Winter die Mühe gemacht haben, mir zu schreiben und damit diese wohltuende Freundschaft einzuleiten. Ich empfinde ebenfalls eine starke Zusammengehörigkeit mit Ihnen, weil wir gemeinsame Interessen haben und über vieles ähnlich denken. Lassen Sie uns doch deshalb die Formalitäten beiseitelegen – das nächste Mal, wenn ich schreibe, werde ich den Brief mit ›Liebe Dorothy‹ beginnen.«

Offensichtlich brauchte Carson die Freundschaft mit Dorothy

Freeman. In jener Zeit fühlte sie sich besonders einsam, nicht nur im Alltag mit ihrer Mutter, sondern auch in ihrer Arbeit als Schriftstellerin. Dorothy verstand sie und gab ihr Bestätigung. Rachel schrieb ihr lange, wortreiche Briefe. Wunderschöne Naturbeschreibungen, Gedanken über die Vögel und das Meer, über alles, was sie innerlich bewegte. Und ihre Briefe waren von großem Überschwang geprägt, als wäre sie so froh darüber, erzählen zu dürfen, dass sie kaum wieder damit aufhören konnte. Schon bald wurde aus dem kollektiven »wir«, das sie in ihren Briefen für sich selbst und ihre Mutter verwendete, ein persönlicheres »ich«. Schon bald schrieb sie nicht mehr an das nette Ehepaar mittleren Alters, die neuen Nachbarn, sondern konkret an ihre Freundin Dorothy.

»Mit freundlichen Grüßen, Rachel«, so unterschrieb sie ihre Briefe, bis sie im Oktober zu »liebevoll, Rachel« überging und einen Monat später zu »mit all meiner Liebe, Rachel«.

Als Rachel Ende Dezember 1953 zu einer Veranstaltung nach Boston eingeladen wurde, erwähnte sie dies schüchtern in einem Brief. Ob Dorothy vielleicht Lust hätte, sie dort zum Mittagessen zu treffen? Dorothy schlug vor, dass sie sich doch stattdessen nach der Veranstaltung treffen und gemeinsam mit dem Zug zu ihr und Stanley nach Hause fahren könnten, sie könne bei ihnen übernachten.

Am 11. Dezember, ein paar Wochen vor dem verabredeten Treffen, schrieb Rachel an Dorothy: »Wie Du in Deinem Herzen vielleicht bereits verstanden hast, gibt es eine sehr einfache Antwort auf all die ›Warums‹, die Deine Briefe durchziehen: Warum ich sie aufbewahre? Warum ich an jenem Abend vor Eurer Abreise noch mal vorbeigekommen bin? Warum? Weil ich Dich liebe!«

Sie trafen sich am 30. Dezember in Boston, gingen im Anschluss an den Termin zusammen in Rachels Hotelzimmer und blieben dort eine Stunde, bevor sie den Zug nach West Bridgewater nahmen, wo Stanley mit dem Essen auf sie wartete. Am nächsten Morgen fuhr Rachel weiter nach Hause. In ihren Briefen kam sie später noch viele Male auf dieses kurze Treffen zurück, sie bezeichnete es als »die dreizehn Stunden«. Gleich am ersten Tag des neuen Jahres, dem 1. Januar 1954, schrieb Rachel an Dorothy: »Meine Geliebte ... Die Wirklichkeit kann angesichts vorheriger Hoffnungen und Erwartungen so oft ernüchternd sein, vor allem, wenn diese sehr hoch waren. Ich hoffe, dass Deine Erinnerungen an letzten Mittwoch so wie meine vollkommen ungetrübt sind von irgendeinem Gefühl der Enttäuschung oder unerfüllten Wünschen. Was mich angeht, meine Liebe, gibt es nicht das kleinste Detail, das ich ändern möchte.«

Der intensive Briefwechsel zwischen Rachel und Dorothy, die schiere Menge der dicken Umschläge, die fast täglich in den Briefkasten plumpsten, führte dazu, dass die Verfasserinnen sich gezwungen sahen, gewisse Routinen zu entwickeln. Während Rachel beschloss, die Briefe vor ihrer Mutter geheim zu halten, um bei ihr keine Fragen aufzuwerfen oder Eifersucht zu wecken, las Dorothy ihre ihrem Mann oft laut vor: die eleganten Naturbeschreibungen und die eingehenden Darstellungen der schriftstellerischen Mühen. Rachel ermunterte sie auch dazu, die Briefe mit ihrem Mann zu teilen, oft enthielten sie am Ende noch einen lieben Gruß an ihn. Zumindest die meisten von ihnen.

»Es bedeutet mir viel zu wissen, dass Du einen so verständnisvollen, liebevollen und wunderbaren Mann hast. Und Liebste, ich hoffe, ich habe Dir ausdrücklich gesagt, dass ich mich darüber gefreut habe, dass Du ihm meinen letzten Brief vorgelesen hast, oder zumindest Teile davon. Er *soll* wissen, wie viel Du mir bedeutest.«

Nach einer Weile begann Rachel, ihre Briefe in zwei Abschnitte zu gliedern. Einen ersten, den die Eheleute Freeman einander laut vorlesen konnten. Und einen zweiten, der gefaltet beigelegt wurde und nur für Dorothy bestimmt war. Diese geheimen Briefe bezeichneten die beiden Frauen als »Äpfel«. Bei anderen Gelegenheiten, etwa wenn Rachel über ihre Familie schrieb und von der komplizierten Beziehung zu ihrem Bruder Robert sowie ihrer Mutter berichtete, über die Gefühle und Probleme, die sie mit niemandem sonst besprechen konnte, oder wenn sie beide über etwas so Privates und Intimes schrieben, dass sie nicht riskieren wollten, dass jemand Außenstehendes es zu lesen bekam, fügten sie den Hinweis hinzu, der Brief müsse in die *strong box* gelegt werden, was bedeutete, er solle vernichtet werden.

Sie schufen sich eine gemeinsame Gedankenwelt, eine Welt geteilter Erfahrungen und Inhalte, die nur sie beide verstanden. Manchen Briefen erteilten sie spezielle Namen, Briefe, die sie hüteten und auf die sie immer wieder zurückkamen, als wären es Gedenksteine ihrer Beziehung. Am 6. Februar 1954 schrieb Rachel den Brief, auf den sie beide in der Folge als auf den »Hyazinthen-Brief« verweisen sollten. Darin erzählte Rachel Dorothy von ihrer Arbeit an dem Buch, das unter dem Titel *Am Saum der Gezeiten* erscheinen sollte, über Einsamkeit und Zweifel und darüber, wie das Schreiben und die kreative Anstrengung an ihr zehrten, und dass sie noch nie jemanden gekannt habe, der all dies so gut verstand und sie gleichzeitig als Mensch so vorbehaltlos liebte – bis jetzt!

Und dann erzählte sie die Geschichte von dem Mann, der zwei Münzen hatte. Von der einen kaufte er sich ein Brot gegen den Hunger, von der anderen eine weiße Hyazinthe für die Seele. »Du, Liebste, bist die weiße Hyazinthe.«

In diesem Sommer trafen sie sich während ihres Aufenthalts auf Southport Island, sooft sie konnten. Sie erkundeten die Insel, wanderten bei Niedrigwasser die Strände entlang, beobachteten Vögel und redeten. Stanley und Dorothy nahmen Rachel mit auf eine Bootstour, um ihr zu zeigen, wie ihr Haus vom Meer aus aussah. Ende August saßen sie zu dritt am Strand und schauten auf das tobende Meer hinaus, den Vorboten eines herannahenden Hurrikans. Als Rachels Nichte Marjorie mit ihrem zweijährigen Sohn Roger zu Besuch kam, unternahmen sie gemeinsame Ausflüge mit den Freemans und deren Enkelin Martha.

Der Herbst kam, und als sie im September die Insel wieder verließen, um in ihren jeweiligen Alltag in Silver Spring und West Bridgewater zurückzukehren, taten sie dies in der Gewissheit, dass ihre Freundschaft ein Leben lang halten würde.

Am 8. November 1954 schickte Rachel Carson Dorothy Freeman ein Exemplar der Erstausgabe von *Geheimnisse des Meeres*. Der beiliegende Brief lautete:

Meine Liebe,
es sind nicht mehr viele Exemplare dieser Erstauflage übrig, und es würde mich schmerzen, wenn Du keines bekämest. Wir wissen beide, welche Bedeutung dieses Buch für unser Leben gehabt hat, aber indem ich es Dir schicke, möchte ich dies noch einmal bekräftigen.
Vor vielen Jahren schlugen eines Winterabends Regen und Wind gegen das Fenster meines Studentenzimmers. Damals hat eine Gedichtzeile aus »Locksley Hall« mich tief berührt.
»For the mighty wind arises, roaring seaward, and I go.«
Noch immer kann ich mich an das intensive Gefühl erinnern, das diese Zeile in mir ansprach, als wollte es mir sagen, mein Weg führe zum Meer – das ich zu dem Zeitpunkt nicht ein Mal zu Gesicht bekommen hatte – und dass mein Schicksal mit dem Meer verbunden sei.

Und so ist es ja auch gekommen, wie Du weißt. Als ich seine Chronistin wurde, schenkte das Meer mir Anerkennung und etwas, das man gemeinhin als Erfolg bezeichnet.
Es führte mich nach Southport.
Es schenkte mir Dich.

~ ~ ~

Rachel Carson war zweiundfünfzig, als sie im Januar 1960 bei einer Vorsorgeuntersuchung erfuhr, dass sich in ihrer Brust eine beunruhigende Geschwulst gebildet hatte. Es war nicht das erste Mal. Bereits vor ihrem vierzigsten Geburtstag hatte sie sich einen kleineren Tumor aus der linken Brust entfernen lassen. Vier Jahre später einen weiteren. Es schien sie aber bis dahin nie sonderlich beunruhigt zu haben.

Jetzt war das anders. Sie war älter, und ihre Perspektive hatte sich gewandelt. In gewisser Weise war sie ungeduldiger geworden. Es gab Dinge, die sie noch erledigen, die sie noch schaffen musste. Und nicht zuletzt hatte sie etwas zu verlieren.

Die Jahre nach dem Durchbruch mit *Geheimnisse des Meeres* waren von Arbeit und Erfolg geprägt gewesen. Im Oktober 1955 kam *Am Saum der Gezeiten* heraus. Es war ihr drittes Buch und das dritte über das Meer. Eine zugleich poetische und wissenschaftlich fundierte Geschichte dieses Elements, in dem es um das Leben in dessen Randbereichen ging, an den Stränden und in der Brandung. Sie widmete es den beiden Menschen, die vielleicht im selben Maße wie die *Geheimnisse des Meeres* ihr Leben verändert hatten: »Für Dorothy und Stanley Freeman, die mich in die Niedrigwasserwelt begleitet und mit mir deren Schönheit und Rätselhaftigkeit erfahren haben.«

Das Buch bekam gute Kritiken und war in vielerlei Hinsicht

ein Erfolg, wenn auch kein so durchschlagender wie *Geheimnisse des Meeres*. Es kletterte auf den Bestsellerlisten rasch nach oben, wenn auch nicht bis an die Spitze. Es wurde für den National Book Award nominiert, gewann diesen aber nicht. Es war ein schönes, literarisch und wissenschaftlich facettenreiches Buch, aber weniger fantasieanregend als sein Vorgänger, weniger überraschend und weniger erstaunlich. Ein Buch über Krebse und Garnelen konnte sich einfach nicht mit der monumentalen Geschichte über das Meer selbst messen lassen.

Im Sommer 1956 veröffentlichte Rachel Carson dann in der Zeitschrift *Woman's Home Companion* den Essay »Help Your Child to Wonder«, einen persönlichen und poetischen Text darüber, wie man das ihrer Ansicht nach lebenswichtige Staunen über die Natur weckt. Es war ein Text, der ihr am Herzen lag. Genau das war ihr all die Jahre so wichtig gewesen: die Fähigkeit, zu staunen, aufmerksam zu sein, ständig und fortwährend zu beobachten, die Natur wahrzunehmen und sich die Vielfalt des Lebens bewusst zu machen. Diese Fähigkeit bräuchten wir nicht nur für uns selbst, meinte sie, sondern auch, weil in diesem wachen Staunen der Keim zu sowohl Wissen als auch Empathie liege.

Rachel Carson hielt Vorträge, schrieb das Drehbuch zu einem Fernsehfilm über Wolken, wurde ständig mit neuen Projektvorschlägen, Anfragen für Artikel, Interviews und Kooperationen überhäuft. Sie nahm ein großes Werk über die Evolution in Angriff, über die Geschichte des Lebens von den ersten Mikroorganismen im Meer bis heute. Sie begann Material zu sammeln, um den Essay »Help Your Child to Wonder« zu erweitern.

Doch es waren auch sehr schwierige Jahre. Rachel Carsons Mutter näherte sich dem Alter von neunzig und hatte zunehmend gesundheitliche Probleme, die Carson über lange Zeiträume dazu zwangen, alles andere beiseitezulegen, um sich ganz um sie zu kümmern. Carsons Nichte Marjorie, die mit ihrem Sohn Roger oft bei ihnen gewohnt hatte, war ebenfalls kränklich. Im Januar 1957 bekam sie eine schwere Lungenentzündung und starb mit nur einunddreißig Jahren. Da Carsons Bruder Robert, wie immer, keinerlei Anstalten machte zu helfen, sah sie keine andere Lösung, als Roger bei sich aufzunehmen. Mit fünfzig adoptierte sie den gerade einmal fünfjährigen Jungen. Ein Jahr später starb ihre Mutter Maria. Sie schlief zu Hause ein, Carson saß auf einem Stuhl daneben. Und dann war sie allein, allein mit einem fünfjährigen Jungen, um den sie sich kümmern musste, allein aber auch mit der ihr allmählich aufgehenden Erkenntnis, dass ihre eigene Zeit bemessen war.

Oder nein, allein war sie eigentlich nie. Denn es gab ja immer noch die Briefe. Von Dorothy an Rachel. Von Rachel an Dorothy. Tröstende Briefe. Aufmunternde Briefe. Zärtliche Briefe. Briefe, die Jahr für Jahr eine Liebe bestätigten, die immer größer und stärker wurde. Und ihnen beiden war klar, dass es in ihrer Beziehung auch eine poetische und existenzielle Dimension gab. Carson hatte ihr Leben lang zum Meer gestrebt, zu »dem, was keine Spuren bewahrt«. Dort hatte sie Zuflucht vor den anderen Menschen gesucht, hatte eine Zugehörigkeit gefunden, die ihr dabei half, mit ihrer eigenen Unbedeutsamkeit und Einsamkeit zurechtzukommen. Es war die Neugier, die sie angetrieben hatte, es war die Liebe zur Natur, zu den Vögeln und Fischen und Insekten und allen Lebensformen, die sie mit immer noch anhaltendem Staunen um sich herum beobachtete.

Rachel Carson war ganz allein Richtung Meer gegangen und hatte ihr Leben etwas gewidmet, das so viel größer und bedeutsamer war als ein einzelner Mensch. Und das Meer hatte ihr gedankt, indem es ihr ausgerechnet einen Menschen schenkte. Jemanden zum Anlehnen, den sie vorbehaltlos lieben konnte und der sie vorbehaltlos wiederliebte. Eine Nähe, wie sie sie nie zuvor erlebt hatte.

Eines Abends im August 1956 ging Rachel Carson gegen Mitternacht an den Strand vor ihrem Haus auf Southport Island. Es war Ebbe und vollkommen dunkel, und in der Brandung löschte Rachel Carson ihre Taschenlampe und entdeckte einen starken Schimmer im Wasser, als würden Tausende von Diamanten und Smaragden unmittelbar unter der Oberfläche schweben. Es waren phosphoreszierende Mikroorganismen, flackernde Lichter, die mit den Wellen aufstiegen und sanken und die ganze Meeresoberfläche wie ein großes Glutbett leuchten und funkeln ließen.

Knietief im Wasser stehend, hob Rachel Carson den Blick und erblickte ein einzelnes Glühwürmchen, das über dem Meer hin und her flog. Mit jedem Mal sank es tiefer zum Wasser hinab, mit seinem Licht als suchende Laterne, bis es verblüfft ins Nasse stürzte. »Plötzlich wurde mir klar«, schrieb Rachel später am Abend an Dorothy, »dass es ›dachte‹, die flackernden Lichter im Wasser wären andere Glühwürmchen, die ihm auf uralte Glühwürmchenweise zublinkten.«

Das Glühwürmchen war also zur Meeresoberfläche hinabgeflogen, weil etwas ihm sagte, dass es darunter zu Hause wäre, dass dort diejenigen wären, zu denen es gehörte. Doch das war ein Irrlicht gewesen. Eine optische Täuschung.

Vorsichtig hob Carson das Glühwürmchen aus dem Wasser und trug es zu ihrem Haus, um seine Flügel zu trocknen. »Es war ein schwer zu beschreibendes Erlebnis«, schrieb sie Dorothy, »mit so vielem, was jenseits der eigentlichen Wirklichkeit mitschwingt.«

Es schenkte mir Dich. War es das, was sie dachte? Dass das Meer ihr einen Menschen geschenkt hatte, eine Liebe und damit auch die Einsicht, wohin sie tatsächlich gehörte, nicht ins Meer, sondern an Land, in die Gemeinschaft mit anderen, in eine Menschheit?

Die Rachel Carson, die im Januar 1960 den Bescheid erhielt, dass sich etwas Dunkles und Erschreckendes in ihrer Brust gebildet hatte, hatte nicht nur einen menschlichen Zusammenhang gefunden, der mit ihrer Liebe zum Meer konkurrieren konnte, sie hatte auch zum ersten Mal in ihrem Schriftstellerinnenleben den vertrauten Schoß des Meers verlassen. Seit ein paar Jahren sammelte sie Informationen und Material über den weit verbreiteten Einsatz von synthetischen Insektiziden in der Landwirtschaft. Je mehr sie sich in das Thema vertiefte, desto überzeugter war sie, dass diese Gifte eine Bedrohung nicht nur für die Insektenwelt darstellten, sondern auch für die Vögel und Fische, für den allumfassenden Kreislauf, in dem jedes Lebewesen seinen Platz hat, für die Natur und das Meer und in der Verlängerung auch für den Menschen selbst.

Die frühen Sechzigerjahre waren geprägt vom Kalten Krieg. Es war eine Zeit, in der die Frage, wie weit die menschliche Zerstörungslust bereit war zu gehen, jedem Einzelnen existenziell präsent war. Und in der im Stillen voranschreitenden chemischen Kriegsführung gegen die Natur sah Rachel Carson eine Parallele zur atomaren Aufrüstung. Atombomben und Insektizide, beides waren Produkte einer Wissenschaft im Dienst des Krieges. Die Bereitschaft zur Vernichtung war dieselbe, auf wogenden Getreidefeldern wie in Hiroshima. So wie die Radioaktivität verbreiten sich auch synthetische Gifte wie DDT durch die gesamte Nahrungskette und führen zu unwiederbringlichen Schäden. Die kurzsichtige Naivität, mit der wir Atombomben bauen und unsere Aussaat mit Gift besprühen, droht für immer alle Lebensbedingungen zu verändern.

Darüber wollte sie in ihrem nächsten Buch schreiben. Und plötzlich drängte die Zeit.

Im April 1960 wurde sie operiert. Zwei Tumore wurden aus ihrer Brust entfernt. Der Arzt empfahl keine weitere Behandlung, er erklärte, die Geschwulste seien nicht bösartig gewesen. Doch im Dezember desselben Jahres stellte sich heraus, dass der Krebs bereits gestreut hatte. Parallel zur intensiven Chemotherapie, die nun erforderlich wurde, setzte Rachel Carson die Arbeit an ihrem Buch über Insektizide fort. Sie schob alles andere beiseite, das Buch über die Evolution musste warten, ebenso wie das über das Staunen. Mit Roger als einziger Gesellschaft arbeitete sie das ganze Jahr 1961 über in Silver Spring oder auf Southport Island an dem Buch, das bald den Titel *Der stumme Frühling* erhielt.

Rachel Carson sammelte Unmengen an Information und vertiefte sich in die wissenschaftlichen Details: in die chemischen Vorgänge bei der Ausbringung und die biologischen Folgen für die Natur sowie die medizinischen Auswirkungen auf Mensch und Tier. Oft schrieb sie im Bett, müde und von der Krankheit geschwächt. Ihr Körper wurde von der Bestrahlung und von den Zellgiften zersetzt. Sie war auf einen Rollstuhl angewiesen. Mehrmals wurde sie als Notfall ins Krankenhaus eingeliefert, sie hatte starke Gelenkschmerzen und entzündete Augen, sodass sie über mehrere Wochen gar nicht lesen konnte. Dennoch arbeitete sie weiter.

Als sie Ende Januar 1962 ihr Manuskript ablieferte, war sie zwar nicht ganz fertig geworden, wusste aber immerhin, dass sie es schaffen würde, dass es ihr den Umständen zum Trotz gelingen würde, dieses Buch zu Ende zu bringen, von dem sie überzeugt war, dass es geschrieben werden musste, nicht nur für sie selbst, sondern für alle Menschen.

An jenem Abend saß sie allein in ihrem Arbeitszimmer, den

Kater Jeffrie auf dem Schoß. Sie hatte gerade Roger ins Bett gebracht und Beethoven aufgelegt, ihren Lieblingskomponisten, an den sie vor so vielen Jahren schon gedacht hatte, als sie zum ersten Mal das Meer sah. Sie schrieb an Dorothy: »Plötzlich war es, als ob vier Jahre der Anspannung auf einmal von mir abfielen, und ich legte die Arme um Jeffrie und weinte.«

Der stumme Frühling erschien im September 1962 und erregte gewaltiges Aufsehen. Nur Wochen später sollte die Kubakrise zum Höhepunkt des Kalten Krieges und der Angst vor einem Atomschlag führen, und etwas in dem poetischen Bild, das bereits der Titel des Buchs enthielt, schien die Leser mit geradezu existenzieller Wucht zu treffen. Im ersten Kapitel entwarf Rachel Carson eine Zukunftsvision, in der die gar nicht so weit entfernt scheinenden Konsequenzen unkontrollierter Nutzung von Giften in der Natur unangenehm konkret aufgezeigt wurden. Sie stellte sich darin eine Zeit vor, in der keine Insekten mehr um uns herumsummen, keine Vögel mehr im Wald singen, keine Fische sich in den Bächen tummeln. Eine Zeit der Stille, weil alles, was um uns herum erklungen und das zu hören viele von uns verlernt hatten, nicht mehr am Leben ist. Sie stellte sich eine Welt vor, in der der Mensch am Ende als Einziger übrig bleibt. Eine Welt, in der alles andere Leben dem selbstgerechten Primaten Platz machen musste, der innerhalb seiner evolutionär betrachtet sehr kurzen Geschichte sich selbst als Krone der Schöpfung empfunden und als Vormund alles anderen gesehen hatte. Sie stellte sich einen stummen Frühling vor.

»Während der Mensch seinem offen verkündeten Ziel, der Eroberung der Natur, zustrebt, hat er niederdrückende Zeugnisse eines Vernichtungswerks hinterlassen, das sich nicht nur gegen die Erde richtet, die er bewohnt, sondern auch gegen die Lebewesen, die sie mit ihm teilen.«

Und nachdem sie diese Zeugnisse wissenschaftlich aufgezeigt hatte, die der biologischen, chemischen und medizinischen Auswirkungen von Pestiziden sowie der konkreten Folgen dieser Gewaltherrschaft, fällte sie auf den letzten Seiten des Buches ihr Urteil, als hätte sie keine Zeit mehr, irgendetwas zu beschönigen, als ob alles, was sie wusste, und alles, was sie in den letzten Jahren durchgemacht hatte, sie zu einer Direktheit zwingen würde, die ihrem Wesen eigentlich nicht entsprach:

»Die ›Herrschaft über die Natur‹ ist ein Schlagwort, das man in anmaßendem Hochmut geprägt hat. Es stammt aus der ›Neandertal-Zeit‹ der Biologie und Philosophie, als man noch annahm, die Natur sei nur dazu da, dem Menschen zu dienen und ihm das Leben angenehm zu machen. Die Begriffe und die üblichen Verfahren der angewandten Entomologie erweckten den Anschein, als stammten sie größtenteils aus dem ›Steinzeitalter‹ der Naturwissenschaften. Es ist ein beängstigendes Unglück für uns, dass sich eine so primitive Wissenschaft für ihren Kampf gegen die Insekten mit den modernsten und fürchterlichsten Waffen ausgerüstet und damit die ganze Welt gefährdet hat.«

Insekten, Fische, Vögel oder Menschen – wir alle stammen letzten Endes aus demselben Urmeer. Das war es, woran Carson zuallererst erinnern wollte. Wir sind nicht dazu geschaffen, alleine hier zu sein.

Der stumme Frühling wurde ein Bestseller, ihr größter Erfolg, und während des Winters und Frühlings wurde Carson plötzlich zu einer der bekanntesten Personen der USA. Sie gab Interviews im Fernsehen und in Zeitungen, hielt Vorträge, wurde im Rollstuhl vor Tausenden von Zuschauern auf die Bühne gefahren. Sie wurde für die enorme wissenschaftliche Arbeit gelobt, die hinter der Zusammenstellung all dieser Informationen lag, und für deren Aufbereitung bewundert. Präsident John F. Kennedy bezog sich auf »Miss Carson« und setzte sofort eine Untersuchung an, die das Regelwerk zum Einsatz von Insektiziden überprüfen sollte.

Und gleichzeitig wurde sie massiver angegriffen als jemals zuvor. Von politischen Meinungsgegnern, die sie als Kommunistin und als Alarmistin abstempelten. Von der Giftindustrie, die sie mit allen ihr verfügbaren Mitteln in Misskredit zu bringen versuchte: Artikeln, Pressemitteilungen und der Drohung, sie anzuzeigen. Noch bevor *Der stumme Frühling* im Handel war, setzte einer der größten amerikanischen Pestizidhersteller, Velsicol Chemical Corporation, eine ganze Armee von Anwälten darauf an, das Erscheinen des Buchs zu verhindern.

Doch die Realität ließ sich nicht leugnen, nicht einmal mithilfe von Geld und Anwälten. Im November 1962, zwei Monate nach Veröffentlichung des Buches, schwammen tote Fische auf der Wasseroberfläche des Mississippi. Niemand wusste, wieso, doch mehr als fünf Millionen Fische waren plötzlich und aus unerklärlichen Gründen gestorben, und dieser Vorfall wurde für eine Weile zu einer großen Nachricht im Land. Für *Der stumme Frühling* bildete er eine unheilvolle Bestätigung. Die Bilder der aufgedunsenen Fische, die mit dem Bauch nach oben auf dem trüben Wasser dahintrieben, fungierten als unübersehbare Illustration genau der vorstellbaren und nicht allzu weit entfernten Zukunft, vor der Rachel Carson hatte warnen wollen.

Nachdem die Untersuchung des Vorfalls im Frühjahr 1963 abgeschlossen war, wusste man, dass die Fische an einer relativ geringen Menge Gift gestorben waren, die aus einer Fabrik ausgelaufen war. Die Fabrik gehörte zur Velsicol Chemical Corporation, ebendem Unternehmen, das so vehement versucht hatte, das Erscheinen des Buchs zu verhindern.

Anfang Juni 1963 saß Rachel Carson ganz allein vor der Versammlung im amerikanischen Kongress, einberufen als Zeugin eines Ausschussverhörs zu Umweltgiften, das vom Fernsehen mitgeschnitten wurde. Der Krebs hatte inzwischen auch ihre Knochen befallen, und sie saß blass und schwarz gekleidet mit einer großen Brille und einer eigens für diesen Anlass besorgten dunkelbraunen Perücke da, die die Auswirkungen der Behandlung verbergen sollte. Hinter dem Wald aus Mikrofonen, die vor ihr auf dem Tisch standen, wirkte sie geradezu verschwindend klein. Als Senator Abraham Ribicoff die Sitzung einleitete, indem er sie begrüßte, wiederholte er die Worte, die Abraham Lincoln gesagt haben soll, als er während des Bürgerkriegs Harriet Beecher Stowe, der Autorin von *Onkel Toms Hütte,* begegnet war: »Sie sind die Frau, die dies alles in Gang gesetzt hat.«

Rachel Carson beugte sich zu den Mikrofonen vor und dankte mit leiser, aber fester Stimme für das Vertrauen, das ihr entgegengebracht worden sei. Und dann wandte sie sich an die Senatoren und an die Welt: »Das Problem, das wir heute besprechen wollen, ist eins, das wir in unserer Zeit lösen müssen. Es ist meine absolute Überzeugung, dass wir jetzt damit beginnen müssen – hier, auf dieser Sitzung.«

Und so war es am Ende sie, die bereits als kleines Mädchen die Natur und das Meer zu lieben gelernt hatte, der aufgrund von Armut eine akademische Karriere verwehrt geblieben war, die nicht nur aufgrund fehlender akademischer Meriten, sondern auch weil sie eine Frau war, kleingemacht und verdächtigt worden war, weil sie unverheiratet war und die Frechheit besessen hatte, sich in einen Raum zu drängen, der bis dahin Männern mit Macht, Titeln und Geld vorbehalten war, weil sie als zu zart und zu sanft und zu feminin betrachtet worden war, weil sie so schön schrieb – sie war es, die am Ende die Sturzwelle auslöste, die zur Gründung der ersten föderalen Umweltschutzbehörde der

USA führte und dazu, dass das Insektizid DDT nicht nur in der Landwirtschaft der USA, sondern im Großteil der Welt verboten wurde. Sie wurde zur Pionierin der modernen Umweltbewegung und inspiriert seither jede Generation von Umweltaktivisten. Rachel Carson war es, die der Welt ein ökologisches Bewusstsein schenkte.

Und damit war sie fertig. Nicht, weil sie es so wünschte, sondern, weil die Zeit ihr nicht mehr zugestand.

~ ~ ~

Der Sommer 1963 auf Southport Island gestaltete sich anders als die vorhergegangenen. Rachel Carson war schwach und müde, sie hatte starke Schmerzen und war nicht in der Lage, lange Spaziergänge durch den Wald zu unternehmen oder auch nur die Treppe zu ihrem geliebten Strand hinunterzugehen. Doch sie konnte mit Dorothy zusammen sein. An einem Septembermorgen, kurz bevor es Zeit wurde, die Insel für den Herbst zu verlassen, fuhren sie zusammen nach Newagen im südlichen Teil der Insel. Dort waren sie oft am steinigen Strand spazieren gegangen, hatten am Waldrand gesessen mit Blick aufs Meer, an einem ganz bestimmten Ort, den sie nach einem Gedicht von John Keats ihren »stillen Blättersaal« getauft hatten. Mit großer Anstrengung gelang es Carson, sich vom Auto zu einer Holzbank oberhalb des Strands zu schleppen. Es war ein sonniger, klarer Morgen, und zum Rhythmus der heranrollenden Wellen unterhielten sich die Frauen über den Sommer, der vergangen war, und wie sehr sie es bedauerten, ihr kleines Paradies wieder einmal verlassen zu müssen, diesmal mit einer noch ungewisseren Zukunft als je zuvor. Und während sie sprachen, entdeckten sie plötzlich, dass unzählige rote Monarchfalter sie umschwärmten. Hunderte von

Schmetterlingen, die in südwestlicher Richtung nach Mexiko vorbeiwirbelten, quer über den nordamerikanischen Kontinent, auf ihrer seltsam zielbewussten Migration. Am selben Abend schrieb Rachel an Dorothy:

Meine Liebe,
dies ist ein PS zu unserem Morgen in Newagen, etwas, das ich, glaube ich, besser schreiben als sagen kann. Für mich war es eine der schönsten Stunden des ganzen Sommers, und ich werde ihn für immer und in allen Einzelheiten in Erinnerung behalten: den blauen Septemberhimmel, das Säuseln des Windes in den Kiefern und das Branden der Wellen gegen die Klippen, den eleganten Flug der Möwen, Griffith Head und Todd Point in der Ferne, die sich heute so klar abzeichneten, einst aber im Nebel verborgen waren.
Vor allem aber werde ich mich an die Monarchen erinnern, ihren seltsamen Zug Richtung Westen, ein kleines, flügelförmiges Wesen nach dem anderen, alle angezogen von einer unsichtbaren Kraft.
Wir haben über ihre Reise, ihren Lebenszyklus gesprochen. Ob sie wohl zurückkehren würden. Wir glaubten, eher nicht; für die meisten zumindest würde es die letzte Reise ihres Lebens sein.
Als ich heute Nachmittag daran zurückdachte, fiel mir plötzlich auf, dass es dennoch ein glücklicher Moment war, dass wir keine Trauer empfanden, als wir darüber sprachen. Und das zu Recht, denn wenn ein Lebewesen am Ende seines Lebenszyklus angelangt ist, akzeptieren wir dieses Ende als etwas Natürliches.
Für die Monarchen bemisst sich dieser Zyklus in Monaten.
Für uns selbst gilt ein anderes Maß, eins, das wir nicht kennen. Doch der Gedanke ist derselbe: Wenn dieser unbegreifliche Zyklus an sein Ende gelangt, ist es etwas Natürliches und nichts Trauriges, dass das Leben endet.
Das haben die schimmernden, flatternden Lebewesen mich heute

früh gelehrt. Ich habe großes Glück daraus gezogen und hoffe, dass auch Du das kannst. Danke für diesen Morgen.
Rachel

In diesem Winter feierten Rachel Carson und Roger Neujahr zusammen mit dem Ehepaar Freeman in West Bridgewater. Rachel und Dorothy hatten noch einmal die Möglichkeit, über alles zu reden, was sie gemeinsam erlebt hatten, sowie über das »lauernde Dunkel«, das vor ihnen lag. Vor ihrer Abreise legte Rachel einen Brief unter Dorothys Kissen. »Und solange eine von uns lebt«, schrieb sie, »wird unsere Liebe niemals enden, sondern wird ein stiller Blättersaal voll Friedlichkeit und kostbarer Erinnerungen an alles sein, was wir geteilt haben. Ich brauche es Dir nicht noch einmal zu sagen, tue es aber dennoch – ich liebe Dich, jetzt und für immer.«

Und während die Tage ins Land gingen, kam das lauernde Dunkel rasch näher. Am 14. Januar 1964 saß Stanley Freeman am Küchentisch und schaute den Vögeln vor dem Fenster zu, als er plötzlich einen Herzinfarkt erlitt und starb, vierundsechzig Jahre alt. Rachel flog zur Beerdigung nach Boston und trauerte an Dorothys Seite. Wieder zurück in Silver Spring ging es ihr selbst immer schlechter, sie litt unter starken Schmerzen, Schwindel und Herzrhythmusstörungen. Der Krebs hatte nun auch ihre Leber befallen.

Im Februar schrieb sie einen kurzen Brief an Dorothy, nur ein paar Zeilen, und er klang wie ein Flehen, eine nahezu verzweifelte Sehnsucht danach, bestimmte lebensnotwendige Dinge auszusprechen, ehe es zu spät war:

»An die liebste, kostbarste Freundin der Welt, so dringend gebraucht während der ersten zarten, wunderschönen Hyazinthentage, gebraucht an jedem Tag seither, doch nie so sehr wie jetzt. Geliebte, meine Liebe zu Dir ist so groß und so grenzenlos. Ich hoffe, das weißt Du.«

Anfang April fuhr Dorothy nach Silver Spring. Sie saß am Krankenbett, während Rachel zwischen Bewusstsein und Schlaf hin und her glitt. Sie wartete, wachte und redete leise mit ihr. Niemand weiß, was gesprochen wurde, doch zurück in West Bridgewater zwei Tage später schrieb Dorothy einen kurzen Brief: »Liebste, ich möchte, dass Du weißt, dass ich mit einem Gefühl des Friedens von Dir nach Hause zurückgekehrt bin.«

~~~

Am Nachmittag des 14. April 1964 erlitt Rachel Carson einen Herzinfarkt. Sie starb in ihrem Bett, als die Abenddämmerung hereinbrach und die Sonne, ihrem vorherbestimmten Rhythmus folgend, hinter dem Horizont verschwand und das Licht in Dunkelheit überging.

Am selben Abend, nur wenige Stunden später, traf ihr älterer Bruder Robert bei ihr zu Hause in Silver Spring ein. Rachel Carson hatte genau festgelegt, was nach ihrem Tod geschehen sollte. Sie wollte kremiert werden. Sie wollte, dass ihre Asche verstreut und nicht im Familiengrab in Maryland bestattet würde, wo ihre Mutter lag. Sie wollte einen kleinen Gedenkgottesdienst für die nächsten Angehörigen in der All Souls Unitarian Church in Washington, D. C. Sie hatte bereits den Priester Duncan Howlett kontaktiert und ihn gebeten, ihn abzuhalten. Sie hatte dazu einen ihrer eigenen Texte vorgeschlagen, den er vielleicht lesen könne. Nicht aus *Der stumme Frühling*, nichts über Leben und Tod oder was danach kommt, sondern ein Stück aus dem letzten Kapitel von *Am Saum der Gezeiten*. Einen Text über das Meer:

»Jetzt vernehme ich rings um mich die Laute des Meeres; die
~~~

nächtliche Flut ist im Steigen, die Wasser wirbeln, sie wälzen sich rauschend gegen die Felsen unter dem Fenster meines Studierzimmers. Dichter Nebel ist vom offenen Meer in die Bucht hereingezogen, er liegt über dem Wasser und dem Ufersaum, sickert in den Fichtenwald ein und gleitet sachte zwischen Wacholder und Wachsbeerensträucher. Dumpf klagend tönt ein Nebelhorn durch die Nacht.«

Doch Robert Carson, der seiner Schwester nicht besonders nahegestanden hatte und der nie präsent gewesen war, wenn in der Familie Schwierigkeiten auftraten, entschied anders. Er beschloss, Rachel Carson nicht einäschern zu lassen, sondern ließ ihre Leiche zur Vorbereitung für den Sarg fortschicken. Er beschloss, die Trauerfeier in die Kathedrale von Washington, D. C., zu verlegen, mit dem Bischof als Redner, und dass seine Schwester anschließend im Familiengrab bestattet werden sollte. Dann durchforstete er, was seine Schwester hinterlassen hatte, vernichtete Briefe und andere Dokumente, die ihm nicht passten, und beendete seinen Besuch, indem er den Fernseher aus Rogers Zimmer mitnahm.

Doch da schritt Rachel Carsons eigentliche Familie ein, die kleine Gruppe von Frauen, die über so viele Jahre ihre nächsten Freundinnen und ihr Halt gewesen waren. Ihre Assistentin Jeanne Davis, ihre Agentin Marie Rodell, die Lektorin und Illustratorin Shirley Briggs sowie Dorothy Freeman. Hinter Robert Carsons Rücken kontaktierten sie den Priester Duncan Howlett und organisierten eine separate Gedenkfeier. Vor allem aber versuchten sie, den Bruder zu überreden, ihre Leiche doch noch kremieren zu lassen. Schließlich gab Robert Carson nach, verlangte jedoch, dass die Hälfte der Asche im Familiengrab beigesetzt würde.

Zwei Tage nach der pompösen Zeremonie in der Kathedrale von Washington, D. C., wurde die Gedenkfeier in der All Souls

Unitarian Church abgehalten. Es war ein sonniger Sonntagmorgen, und eine kleine Gruppe enger Freunde von Rachel Carson war anwesend. Der Priester Duncan Howlett las die letzten Seiten von *Am Saum der Gezeiten*, so wie Carson es sich gewünscht hatte, und anschließend einen Brief, den Dorothy mitgebracht hatte. Aus all den Hunderten von Briefen, die Rachel ihr im Laufe der Jahre geschickt hatte, war es derjenige, den sie am liebsten mochte: der Brief über die Monarchfalter.

~ ~ ~

Eines Morgens im späten Frühjahr 1964 verließ Dorothy Freeman ihr Haus in West Bridgewater, um die Post hereinzuholen. Am Briefkasten, an einer Schnur, die an der kleinen Flagge befestigt war, baumelte ein in braunes Packpapier gewickeltes Paket, darin eine Schachtel von der Größe eines Schuhkartons. Sie enthielt die Reste von Rachel Carsons Asche.

Ein widerwilliger Robert Carson hatte sie zuletzt doch noch abgeschickt, ohne Brief oder irgendwelche Instruktionen. Doch Dorothy Freeman wusste natürlich, was sie zu tun hatte.

Im selben Sommer fuhr sie allein zu dem Haus auf Southport Island. Und eines Morgens begab sie sich nach Newagen im Süden der Insel. Zu dem Ort, an dem Rachel und sie so oft zusammen gewesen waren, wo sie am Strand entlanggewandert waren und nach Krebsen und Schnecken gesucht hatten, an ebenden Ort, an dem sie an jenem Herbsttag vor nicht einmal einem Jahr auf der Bank in dem stillen Blättersaal gesessen und die Monarchfalter hatten vorbeifliegen sehen, unterwegs auf einer Reise, von der sie nicht wiederkehren sollten.

Dorothy Freeman ging zum Strand hinunter, wo die Brandung schäumte, die Schachtel in der Hand. Zum Anbranden der Wellen zu ihren Füßen las sie laut ein Stück aus dem Gedicht »Dry Salvages« von T. S. Eliot:

»Der Fluss ist in uns, das Meer, das Meer umschließt uns [...] wenn die Zeit stillsteht und die Zeit kein Ende nimmt; und eine gleichmäßig lange Dünung, die von Beginn an war, die Glocke läuten lässt.«

Dann öffnete sie die Schachtel und streute die Überreste ihrer Freundin ins Meer.

Der Horizont

Ich bin noch nie auf hoher See gewesen. Ich habe nie auf einem Schiff gearbeitet, nie einen schweren Sturm mitten auf dem Atlantik erlebt, ich habe nie zu den Sternen aufgeblickt, um herauszufinden, wo ich mich befinde, oder dieses Gefühl eines Abgrunds unter meinen Füßen gespürt. Das offene, tiefe Meer kenne ich ungefähr so gut wie den Weltraum oder die Oberfläche des Mondes. Meine Wahrnehmung von ihm ist vor allem ein Produkt meiner Fantasie.

Dennoch hat es mich in gewisser Weise immer angezogen. Ich habe vom Meer geträumt, von »dem, was keine Spuren bewahrt«. Bücher und Filme über das Meer haben mich fasziniert, die Lebewesen, die sich darin verbergen, und die Menschen, die versucht haben, es sich untertan zu machen. Ich bin mit dem Finger über die verblasste Ankertätowierung meines Vaters gefahren – der auch nie auf See gewesen ist, sich aber aus irgendeinem Grund ein Seemannssymbol auf den Unterarm stechen ließ.

Es ist nicht ganz einfach zu erklären, warum, aber ich glaube, es liegt daran, dass das Meer sowohl Beginn als auch Kontinuität symbolisiert. Dass es unergründlich ist und dennoch etwas, das immer da sein wird, das unveränderlich erscheint, obwohl es in ständigem Wandel begriffen ist, ein Ort, an den man sich sehnt, wenn das Leben einen einengt und herausfordert. Tief im Innern ist die Sehnsucht immer da gewesen. Wie ein uraltes Heimweh, eine geerbte Ankertätowierung unter der Haut.

Meine Mutter aber hat sich wahrscheinlich nie nach dem Meer gesehnt. Für sie stellte es keinen Traum und keine Zuflucht dar, sondern eher etwas Bedrohliches, Angsteinflößendes. Das Meer war für sie nicht gastfreundlich, kein Ort, zu dem man sich hingezogen fühlte. Sie hat niemals Schwimmen gelernt. Ich erinnere mich, wie wir im Freibad waren und sie durch das Kinderbecken watete, das Wasser lediglich bis zu den Knöcheln, nicht ein Spritzer auf ihren Brillengläsern. Oder wenn wir im Sommer an den Strand fuhren, zu der fast ringförmigen Bucht etwa dreißig Kilometer von unserem Haus entfernt, ein von Land umschlossenes Meer, und wie sie zögernd in der Brandung stehen blieb, während meine Geschwister und ich uns in die Wellen warfen. Nah und doch in respektvollem Abstand zu dem Element, in dem sie sich nie heimisch fühlte.

Und natürlich ist es eine Ironie des Schicksals, dass die Neugier, die sie in mir weckte, sich ausgerechnet auf das Meer richtete. Dass es ein Buch über diesen rätselhaften tiefblauen Ort war, mit dem sie mir das Lesen beibrachte. Die vielen Stunden auf dem Sofa, mit den Haien, Rochen und Muränen und ihrer geduldigen Stimme, mit der sie mir laut vorlas. Für sie blieb das Meer immer ein fremder und unzugänglicher Ort. Dennoch las sie weiter.

Ebenso ironisch ist es, dass die Krankheit, die sie später ereilte, darin bestand, dass sich ihre Lunge langsam mit Wasser füllte. Der Tumor, der sich äußerte, indem er mit literweise an Meerwasser erinnernder Flüssigkeit den lebensnotwendigen Sauerstoff verdrängte und das Natürlichste auf der Welt, das Atmen, zu einem Kampf werden ließ. Wie ein qualvolles symbolisches Ertrinken. Als nähme das Meer in ihrem Inneren Platz und zwänge sie zu dem Ursprung zurück, den sie mit allem anderen Leben teilte, dem sie aber zeitlebens ausgewichen war.

Wir saßen an ihrem Küchentisch. Ich auf der abgewetzten Holzbank und sie auf einem Stuhl mir gegenüber. Über mir hing die alte Wanduhr, deren Pendel den Rhythmus mit klingenden, regelmäßigen Schlägen maß. Auf dem Tisch zwischen uns lagen mein Laptop und meine Bücher. Ganze Stapel von Büchern über das Meer, über Seefahrt und Navigation, Entdecker und Tiefseetaucher, Wale und Fische, über Fra Mauro, Magellan und Rachel Carson. Wie eine stumme Mauer standen sie zwischen uns, während ich auf den Bildschirm starrte und sie die Hand nach dem Sauerstoffgerät ausstreckte und mit der Plastikverpackung ihrer Schmerzmittel hantierte.

Ihr Atem rasselte, sie führte die Sauerstoffmaske zum Mund, keuchte und schnappte nach Luft und saß anschließend eine lange Weile schweigend da, bevor sie mit müden, wässrigen Augen zu mir aufblickte.

»Bist du bald fertig mit dem Buch?«, fragte sie.

»Ja, bald«, sagte ich. »Ich muss nur noch das Letzte zusammenschreiben. Das ist schwierig. Es ist irgendwie so groß.«

Und dann erzählte ich ihr von den Pottwalen, eifrig und unzusammenhängend, wie sozial diese seien, wie majestätisch und seltsam, vom Amber, dem Walrat und dem Blubber, wie wir Menschen die Wale gejagt und sie getötet haben, von Weltumseglern und von der Aufklärung und von allem, was wir zu wissen glauben und was wir immer noch nicht wissen.

»Es wird bestimmt schön, das zu lesen«, sagte sie, und dann senkte sie den Blick wieder, als dächte sie nach, als wäge sie das, was sie gerade gesagt hatte, gegen das ab, was sie tief im Innern dachte, was sie tief in ihrem Innern wusste.

Und ich dachte an das, was vor mir auf dem Bildschirm stand, dass das, was den Horizont von anderen Grenzen unterscheidet, ebendies ist: dass er sich nicht überschreiten lässt, so weit man auch segelt. Er bleibt unerreichbar. Und dann dachte ich, dass das wohl doch nicht stimmte. Dass wir beide, die wir hier am Küchentisch saßen, in diesem Augenblick begriffen, was den Horizont einzigartig macht: dass es kein Zurück mehr gibt, wenn man ihn erst einmal überschritten hat. Dass es dahinter für alles zu spät und jeder Abschied ein endgültiger ist.

»Ich lege mich mal wieder hin«, sagte sie, erhob sich schwerfällig und tappte durch den Flur Richtung Schlafzimmer.

Aufs offene Meer hinaus. Auf den Weg zum Horizont.

Manchmal bedeutet das auch, verloren zu gehen.

Für meine Mutter

Britt-Marie Svensson 1949–2021

Quellen

Der blaue Planet

Apollo 17 – The eleventh mission: The sixth lunar landing 7 december – 19 december 1972, www.history.nasa.gov.
Christopher Potter: »Behind the most famous photograph ever taken«, in: *Literary Hub*, 26. Februar 2018.

Der allumfassende Rhythmus

Rachel Carson: *Geheimnisse des Meeres*, 1951 (dt. von Luise Laporte, 1952).
Rachel Carson: *Lost woods – The discovered writing of Rachel Carson*, 1998.
Morten A. Strøksnes: *Das Buch vom Meer oder Wie zwei Freunde im Schlauchboot ausziehen, um im Nordmeer einen Eishai zu fangen, und dafür ein ganzes Jahr brauchen*, 2015 (dt. von Ina Kronenberger und Sylvia Kall, 2016).
Matthew Walker: *Das große Buch vom Schlaf*, 2017 (dt. von Annika Tschöpe, 2018).
Craig W. Whippo und Roger P. Hangarter: »The 'sensational' power of movement in plants – A Darwinian system for studying the evolution of behavior«, in: *American Journal of Botany*, Dezember 2009.

Der navigierende Mensch

Dante Alighieri: *Die Göttliche Komödie*, 1307–1321 (dt. von Carl Streckfuß).
Michael Bond: *Wayfinding – The art and science of how we find and lose our way*, 2020.
Rachel Carson: *Geheimnisse des Meeres*, 1951 (dt. von Luise Laporte, 1952).

Census of Marine Life, www.coml.org.
Joseph Conrad: *Herz der Finsternis*, 1902 (dt. von Sophie Zeitz, 2005).
Jared Diamond: *Der dritte Schimpanse – Evolution und Zukunft des Menschen*, 1992 (dt. von Volker Englich, 1994).
Ulf Ellervik: *Ursprung – Berättelser om livets början, och dess framtid*, 2016.
Jonathan S. Friedlaender, Françoise R. Friedlaender, Floyd A. Reed (u. a.): »The genetic structure of Pacific islanders«, in: *PLOS Genetics*, Januar 2008.
Jeremy Harwood: *Hundert Karten, die die Welt veränderten*, 2006 (dt. von Christian Böhm und Claudia Buchholtz, 2007).
Thomas Ingicco, Gerrit D. van den Bergh, C. Jago-on (u. a.): »Earliest known hominin activity in the Philippines by 709 thousand years ago«, University of Wollongong Research Online, ro.uow.edu.au/ahsri/, 2018.
Tove Jansson: *Mumins wundersame Inselabenteuer*, 1965 (dt. von Birgitta Kicherer, 2017).
Olof Lagercrantz: *Reise ins Herz der Finsternis – Eine Reise mit Joseph Conrad*, 1987 (dt. von Angelika Gundlach, 1988).
Francisca Mattéoli: *Karten – Mythen und Geschichten*, 2015 (dt. von Gina Beitscher, 2016).
Dag Pike: *The history of navigation*, 2018.
Thomas Reinertsen Berg: *Auf einem Blatt die ganze Welt – Die Geschichte der Landkarten, Globen und ihrer Erfinder*, 2017 (dt. von Günther Frauenlob und Frank Zuber, 2020).
Beau Riffenburgh: *The men who mapped the world – The treasures of cartography*, 2011.
Polynesian voyaging society, www.hokulea.com/moananuiakea.

Der portugiesische Weltumsegler und der malaiische Sklave

Axel Andersson: *Den koloniala simskolan*, 2016.
Michael Bond: *Wayfinding – The art and science of how we find and lose our way*, 2020.
Scott M. Fitzpatrick: »Magellan's crossing of the Pacific – Using computer simulations to examine oceanographic effects

on one of the world's greatest voyages«, in: *Journal of Pacific History*, September 2008.
Peter Frankopan: *Licht aus dem Osten: Eine neue Geschichte der Welt*, 2015 (dt. von Michael Bayer und Norbert Juraschitz, 2016).
Jeremy Harwood: *Hundert Karten, die die Welt veränderten*, 2006 (dt. von Christian Böhm und Claudia Buchholtz, 2007).
Francisca Mattéoli: *Karten – Mythen und Geschichten*, 2015 (dt. von Gina Beitscher, 2016).
Herman Melville: *Moby-Dick oder Der Wal*, 1851 (dt. von Matthias Jendis, 2001).
Antonio Pigafetta: *Die erste Reise um die Welt. An Bord mit Magellan* (dt. von Christian Jostmann, 2020).
Thomas Reinertsen Berg: *Auf einem Blatt die ganze Welt – Die Geschichte der Landkarten, Globen und ihrer Erfinder*, 2017 (dt. von Günther Frauenlob und Frank Zuber, 2020).
Beau Riffenburgh: *The men who mapped the world – The treasures of cartography*, 2011.
Ian Urbina: *The outlaw ocean – Journeys across the last untamed frontier*, 2019.
Stefan Zweig: Magellan. Der Mann und seine Tat, 1937.

Das größte Raubtier

Eric Jay Dolin: *Leviathan – The history of whaling in America*, 2007.
Philip Hoare: *Leviathan oder Der Wal*, 2008 (dt. von Hans-Ulrich Möhring, 2013).
Elizabeth Kolbert: *Das sechste Sterben – Wie der Mensch Naturgeschichte schreibt*, 2014 (dt. von Ulrike Bischoff, 2016).
Isabella Lövin: *Tyst hav – Jakten på den sista matfisken*, 2007.
Herman Melville: *Moby-Dick oder Der Wal, 1851* (dt. von Matthias Jendis, 2001).
Francis Allyn Olmsted: *Incidents of a whaling voyage – To which are added observations on the scenery, manners and customs, and missionary stations, of the Sandwich and Society Islands*, 1841.
Ian Urbina: *The outlaw ocean – Journeys across the last untamed frontier*, 2019.

Edith Widder: *Below the edge of darkness – A memoir of exploring light and life in the deep sea*, 2021.

Der lotende Mensch

Ward Appeltans, Shane T. Ahyong, Gary Anderson (u. a.): »The magnitude of global marine species diversity«, in: *Current Biology*, Dezember 2012.
Bibel.
Rachel Carson: *Geheimnisse des Meeres*, 1951 (dt. von Luise Laporte, 1952).
Herman Melville: *Moby-Dick oder Der Wal*, 1851 (dt. von Matthias Jendis, 2001).
Dag Pike: *The history of navigation*, 2018.
Thomas Reinertsen Berg: *Auf einem Blatt die ganze Welt – Die Geschichte der Landkarten, Globen und ihrer Erfinder*, 2017 (dt. von Günther Frauenlob und Frank Zuber, 2020).
Edith Widder: *Below the edge of darkness – A memoir of exploring light and life in the deep sea*, 2021.

Der schottische Bäcker

Brian Charlesworth: »The evolutionary biology of sex«, in: *Current Biology*, September 2006.
John A. Long, Elga Mark-Kurik, Zerina Johanson (u. a.): »Copulation in antiarch placoderms and the origin of gnathostome internal fertilization«, in: *Nature*, Oktober 2014.
Rebecca Morelle: »Sex 'emerged in ancient Scottish lake'«, *BBC News*, 19. Oktober 2014.
Richard O. Prum: *Die Evolution der Schönheit – Darwins vergessene Theorie zur Partnerwahl*, 2017 (dt. von Frank Born, 2022).
Samuel Smiles: *Robert Dick, baker, of Thurso, geologist and botanist*, 1878.
Carl Zimmer: »On the origin of sexual reproduction«, in: *Science*, Juni 2009.

Die größte Tiefe

Jacques Piccard: »Man's deepest dive«, in: *National Geographic*, August 1960.
»Dives of the Bathyscaph Trieste, 1958–1963 – Transcriptions of sixtyone dictabelt recordings in the Robert Sinclair Dietz Papers, 1905–1994«, *Scripps Institution of Oceanography Archives*, September 2000.
»First trip to the deepest part of the ocean«, in: *Geology. com.*

Die Chronistin der Meere

Martha E. Freeman: *Always, Rachel – The letters of Rachel Carson and Dorothy Freeman 1952–1964*, 1995.
Rachel Carson: *Unter dem Meerwind*, 1941 (dt. von Waltrud und Ernst Kappeler, 1947).
Rachel Carson: *Geheimnisse des Meeres*, 1951 (dt. von Luise Laporte, 1952).
Rachel Carson: *Am Saum der Gezeiten – Eine Küstenwanderung*, 1955 (dt. von Margaret Auer, 1957).
Rachel Carson: *Der stumme Frühling*, 1962 (dt. von Margaret Auer, 1963).
Rachel Carson: *Magie des Staunens – Die Liebe zur Natur entdecken*, 1965 (dt. von Wieland Freund und Andrea Wandel, 2019).
Rachel Carson: *Lost woods – The discovered writing of Rachel Carson*, 1998.
T. S. Eliot: *Vier Quartette*, 1943.
Linda Lear: *Rachel Carson – Witness for nature*, 1997.
Herman Melville: *Moby-Dick oder Der Wal*, 1851 (dt. von Matthias Jendis, 2001).